D1666155

KIELER GEOGRAPHISCHE SCHRIFTEN

Begründet von Oskar Schmieder

Herausgegeben vom Geographischen Institut der Universität Kiel
durch J. Bähr, H. Klug und R. Stewig

Schriftleitung: S. Busch

Band 91

STEFFEN BOCK

Ein Ansatz zur polygonbasierten Klassifikation von Luft- und Satellitenbildern mittels künstlicher neuronaler Netze

KIEL 1995

IM SELBSTVERLAG DES GEOGRAPHISCHEN INSTITUTS
DER UNIVERSITÄT KIEL

ISSN 0723 - 9874
ISBN 3 - 923887 - 33 - 7

Die Deutsche Bibliothek – CIP - Einheitsaufnahme

Bock, Steffen:
Ein Ansatz zur polygonbasierten Klassifikation von Luft- und Satellitenbildern mittels künstlicher neuronaler Netze /Steffen Bock. Geographisches Institut der Universität Kiel. - Kiel: Geographisches Inst., 1995
(Kieler geographische Schriften; Bd. 91)
Zugl.: Kiel, Univ., Diss., 1995
ISBN 3-923887-33-7

NE: GT

VORWORT

Die vorliegende Arbeit entstand im Rahmen eines DFG-Projekts zum Küstenraum von São Paulo. Sie wurde angeregt durch die mit diesem Projekt verbundene Auswertung von Luft- und Satellitenbildern sowie durch das persönliche Interesse an methodischen Fragestellungen im Bereich der Geoinformatik.

Für seine Offenheit gegenüber der in dieser Arbeit behandelten Thematik sowie seine Unterstützung schulde ich Herrn Prof. Dr. Jürgen Bähr größten Dank. Zu danken habe ich auch Herrn Dr. Rainer Wehrhahn, der mir mit seinen exzellenten Raumkenntnissen bei den untersuchten brasilianischen Fallstudien hilfreich zur Seite stand.

Ebenfalls möchte ich mich bei Frau Petra Witez bedanken, die mir bei der Erstellung der Abbildungen und beim Korrekturlesen geholfen hat sowie den einen oder anderen Motivationsschub besorgte.

Schließlich sind meine Eltern bei der Danksagung nicht zu vergessen, die mir stets größtmögliche Unterstützung zuteil werden ließen.

Steffen Bock

INHALTSVERZEICHNIS

TABELLENVERZEICHNIS

ABBILDUNGSVERZEICHNIS

1 EINFÜHRUNG

Die indirekte Beobachtung von Land- und Meeresoberflächen sowie der Atmosphäre mittels flugzeug- und satellitengestützten Aufnahmesystemen hat in den letzten Jahren in vielen Bereichen der Geowissenschaften stark an Bedeutung gewonnen. So ist u. a. für Agrar- und Forstwissenschaftler, Geographen, Geologen, Meteorologen sowie Ozeanographen der Einsatz von Luft- und Satellitenbildern zu einem unentbehrlichen Hilfsmittel bei der Erfassung und Untersuchung von großflächigen Zuständen der Umwelt und deren Veränderung geworden. Insbesondere die Fernerkundung durch Satelliten leistet seit dem Start der ersten amerikanischen Landsat-Plattform im Jahre 1972 einen wichtigen Beitrag zur regelmäßigen Gewinnung von aktuellen Informationen über die Erdoberfläche und den darauf befindlichen Objekten.

Detektiert wird reflektierte oder emittierte Strahlung aus verschiedenen Spektralbereichen des sichtbaren Lichts, des Infrarots und neuerdings auch, mit Hilfe von Radarverfahren, der Mikrowellen. Gerade multispektrale Aufnahmen, d. h. aus der gleichzeitigen Registrierung von Strahlung aus unterschiedlichen Wellenlängenbereichen gewonnene Informationen, tragen wesentlich zur Möglichkeit eines kontinuierlichen Umweltmonitorings mittels Fernerkundungssensoren bei.

Die räumliche Bandbreite der Datenerfassung umfaßt sowohl die Informationsgewinnung auf globaler Ebene als auch lokale Detailkartierungen. Mögliche Anwendungen reichen beispielsweise von der weltumspannenden täglichen Aufnahme von Wolkenbedeckungen und Vegetationsflächen mit NOAA-Satelliten über regionale Landnutzungsklassifikationen von Landsat- oder SPOT-Daten bis hinunter zur großmaßstäbigen Registrierung von Einzelobjekten und deren Details mit dem MOMS-02-Abtaster oder den KWR 1000-Aufnahmen. Neben diesen weltraumgestützten Systemen trägt auch die Weiterentwicklung der Flugzeugscanner dazu bei, daß heute eine Vielzahl von Daten aus einem breiten Wellenlängen- und Maßstabsspektrum für die Raumanalyse zur Verfügung steht.

Mit der Auswertung der in Fernerkundungsdaten enthaltenen Informationen für die jeweiligen Anwendungen geht meist eine Bearbeitung der in analoger oder in digitaler Form - als herkömmliche Photographien bzw. Zahlen - vorliegenden Luft- und Satellitenbilder einher. In der vorliegenden Arbeit kommt ausschließlich die digitale Bildverarbeitung zum Einsatz. Die zu analysierenden Bilder bestehen dabei aus einer Matrix von einzelnen Bildpunkten mit zugeordneten diskreten Zahlenwerten. Jedem Bildpunkt - andere Bezeichnungen sind Bildelement oder Pixel[1] - entspricht genau ein Ausschnitt

[1] gebildet aus der englischen Bezeichnung für *picture element*

des aufgenommenen Teils der Erdoberfläche bzw. der Atmosphäre. Jeder Zahlenwert (Grauwert) eines Pixels repräsentiert die Strahlungsintensität des entsprechenden Ausschnitts in einem bestimmten Wellenlängenbereich. Da Scanneraufnahmen in der Regel multispektral erfolgen, liegen für jedes Pixel meist mehrere Grauwerte in Form eines Grauwertvektors vor. Beispielsweise werden beim Landsat Thematic Mapper (TM) Informationen in sieben Spektralkanälen des sichtbaren und infraroten Lichts aufgenommen. Jedes Bildelement weist bei einer Bodenüberdeckung von ca. 30 m x 30 m somit sieben Grauwerte auf.

Eine wichtige Aufgabe bei der Verarbeitung von digitalen Bildern besteht neben der Erfassung und Beschreibung der Eigenschaften detektierter Objekte in der Zusammenfassung dieser Objekte zu verschiedenen Klassen. Objekte, die sich bezüglich ihrer Eigenschaften ähnlich sind, sollen in eine Klasse fallen, unähnliche Objekte in verschiedene Klassen. Bei der Klassifikation von multispektralen Sensordaten ist es das Ziel, alle Pixel einer Menge von Klassen so zuzuordnen, daß jedes Pixel in exakt eine Klasse fällt. Typischerweise stellen derartige Klassen Arten der Landbedeckung wie Wasser, Wald, Bodentyp oder Straße dar. Die einzelnen Bildelemente werden beim Klassifikationsprozeß gewöhnlich jener Landbedeckungsklasse zugeordnet, zu der sie aufgrund ihrer spektralen Eigenschaften, d. h. ihres Grauwertvektors, die nach bestimmten Kriterien definierte größte Ähnlichkeit haben.

Ein wesentliches Kennzeichen herkömmlicher, im zweiten Kapitel vorgestellter Vorgehensweisen bei die Klassifikation von multispektralen Daten ist die rein pixelbezogene Betrachtung der jeweiligen Grauwertvektoren. Bei der Klassifikation eines Pixels werden also nur dessen Werte in den detektierten Spektralbereichen berücksichtigt. Dagegen gehen Informationen von benachbarten Bildelementen bei der Zuordnung des Pixels nicht ein. Auf diese Weise lassen sich beispielsweise die Objekte „Flachdach", „Grünfläche" und „versiegelte Fläche" identifizieren. Daß alle Objekte zusammen jedoch möglicherweise das komplexe Objekt „Wohnanlage" bestehend aus Häusern, Rasenflächen und Parkplätzen ergeben, vermögen traditionelle Klassifikationsansätze nicht zu erkennen. Und sie scheitern erst recht bei der Frage, ob die gleichen drei Objekte in einem anderen räumlichen Kontext Teil eines Einkaufszentrums oder Gewerbeparks sind. Deshalb ist es für die Erkennung derartiger zusammengesetzter Objekte notwendig, beim Zuordnungsprozeß eines Pixels auch Informationen aus der Nachbarschaft dieses Pixels mit einzubeziehen.

In den letzten Jahren wurden Auswertungsverfahren entwickelt, die es ermöglichen, bei der Klassifikation von Satellitenbildern auch Informationen aus der unmittelbaren bzw. entfernten Nachbarschaft eines Bildelements zu berücksichtigen. Der dritte Teil der Arbeit gibt einen Überblick über derartige kontextbezogene Erkennungsmethoden. Sie vermögen auch kompliziertere Bildstrukturen z. T. recht gut zu erfassen. Dennoch weisen auch fast alle dieser Methoden einen prinzipiellen Nachteil auf, den sie mit den anderen für die Klassifikation von Fernerkundungsdaten eingesetzten Standardverfahren teilen.

Dieser Mangel besteht darin, daß die Ebene der Pixel bei der Klassifikation nicht verlassen wird. Es werden keine Flächenobjekte, sondern lediglich Bildpunkte betrachtet und den jeweiligen Klassen zugeordnet. Für die Erkennung und Differenzierung von hochkomplexen Objekten wie etwa städtischen Teilräumen, welche sich aus einer Vielzahl von mitunter ebenfalls strukturierten Einzelobjekten zusammensetzen, eignet sich ein derartiger Ansatz nur bedingt. Dies trifft insbesondere dann zu, wenn die Klassifikation auf der Basis eines hochauflösenden Datensatzes stattfinden soll. Denn wenn die Pixel jeweils nur eine geringe Fläche auf der Erdoberfläche - z. B. 10 m x 10 m - abdecken, so muß man davon ausgehen, daß sich auch kleinräumige Objekte - z. B. Häuserdächer - aus mehreren Pixeln gleichen oder ähnlichen Wertes zusammensetzen. In diesem Fall ist es günstiger, sich von der Betrachtung separater Pixel zu lösen und die Klassifikation von übergeordneten komplexen Objekten auf der Basis bereits vorhandener Objektklassen ablaufen zu lassen. Diese Objektklassen können sowohl aus einer rein bildpunktbezogenen multispektralen Vorklassifikation als auch aus thematischen Karten stammen. Eine solche Vorgehensweise setzt aber voraus, daß ein Verfahren zur Verfügung steht, welches nicht nur einzelne Pixel klassifizieren kann, sondern auch beliebige Flächen oder Polygone unter Berücksichtigung ihres räumlichen Kontexts. Eine derartige Methode wird in dieser Arbeit vorgestellt.

Ziel der vorliegenden Arbeit ist die Entwicklung eines Verfahrens, welches es ermöglicht, aus flächenhaften thematischen Karten zusammengesetzte Objekte beliebiger Komplexität abzuleiten. Es basiert zum einen auf einer Verallgemeinerung der zur Modellierung von Texturen verwendeten Grauwertübergangsmatrizen oder Co-Occurrence-Matrizen auf klassifizierte Daten. Zum anderen werden neuronale Netze simuliert, um die modifizierten Co-Occurrence-Matrizen geeignet zu klassifizieren. Dabei kommt mit dem ATL-Netz ein Netztyp zum Einsatz, welcher bisher noch nicht für die Klassifikation von Fernerkundungsdaten verwendet wurde. Die Darstellung der neuen Methodik steht im Mittelpunkt von Kapitel 4.

Im letzten Teil der Arbeit wird das entwickelte Verfahren verschiedenen praktischen Tests unterzogen. Als Datengrundlage dienen hierfür Luft- und Satellitenbilder der Stadt Santos in Brasilien. Ziel der Untersuchungen sind exemplarische Klassifikationen von verschiedenen städtischen Teilräumen sowie die Erkennung von einzelnen Objekten. Dabei sollen die Ergebnisse des neuen Verfahrens mit denen eines herkömmlichen Klassifikators verglichen werden.

2 KLASSISCHE VERFAHREN ZUR KLASSIFIKATION VON FERNERKUNDUNGSDATEN

2.1 Grundlagen der Bildklassifikation

Die Aufgabe einer Klassifikation oder Mustererkennung besteht darin, Objekte eines Bildes in Klassen einzuteilen (ABMAYR 1994, S. 277). Stellen Luft- und Satellitenbilder die Datengrundlage dar, so ist es das Ziel, alle Pixel eines Bildes einer Menge von Landbedeckungsklassen zuzuordnen (LILLESAND & KIEFER 1994, S. 585). Unter einer Klassifizierung wird hier also eine Abbildung verstanden, die jedem Pixel genau eine Landbedeckungsklasse zuweist (LOHMANN 1991, S. 273).

2.1.1 Merkmale

Die Zuordnung erfolgt auf der Basis eines Satzes von *n* Merkmalen - auch Kanäle genannt -, deren jeweilige Ausprägungen für alle Bildelemente vorliegen. Ein Merkmal kann dabei verschiedenen Quellen entstammen.

In erster Linie finden natürlich die vom Sensor zu einem bestimmten Zeitpunkt *t* aufgezeichneten *m* Spektralbereiche $\lambda_1, \lambda_2, ..., \lambda_m$ bei der Bildklassifizierung Berücksichtigung. Sie gestatten Aussagen über das Reflexions- und Absorptionsvermögen der abgetasteten Objekte in Abhängigkeit von der Wellenlänge (ABMAYR 1994, S. 250). Entsprechen die aufgenommenen *m* Spektralbereiche jeweils einem einbezogenen Merkmal, dann liegen *m* Merkmalsausprägungen für jedes Bildelement vor. Sie sind die Repräsentationen der aufgenommenen Strahlungsintensitäten im jeweiligen Wellenlängenbereich.

Anstelle der detektierten Wellenlängen werden mitunter auch abgeleitete Merkmale in Form von Hauptkomponenten betrachtet. In die Klassifikation gehen dann nicht die Originaldaten ein, sondern nur die Hauptkomponentenwerte. Hintergrund dieser Vorgehensweise ist der häufig festzustellende Umstand, daß bestimmte Kanäle miteinander korrelieren. Bei Landsat TM-Daten etwa trifft dies gewöhnlich für die drei Kanäle des sichtbaren Lichts zu. In derartigen Fällen ermöglicht eine Hauptkomponententransformation eine deutliche Datenreduktion ohne wesentlichen Informationsverlust.

Ein Klassifizierungsverfahren, das eine pixelweise Zuordnung ausschließlich auf der Grundlage von multispektralen Daten eines einzigen Zeitpunkts vornimmt, bezeichnet man als spektrale Klassifizierung oder auch als spektrale Mustererkennung[1] (LILLESAND & KIEFER 1994, S. 586). In diesem Fall ist die Anzahl m der einbezogenen Merkmale gleich der Anzahl der aufgezeichneten Spektralbereiche oder der daraus abgeleiteten Hauptkomponenten. Diese Form der Klassifizierung ist bis heute die am weitesten verbreitete bei der Klassifikation von Satellitenbilddaten.

Der Ansatz der Multispektral-Klassifizierung läßt sich zur multitemporalen Klassifizierung oder *temporal pattern recognition* (LILLESAND & KIEFER 1994, S. 586) erweitern, indem multispektrale Daten, welche zu verschiedenen Zeitpunkten aufgenommen wurden, zum Zwecke der Klassifikation in einem gemeinsamen Datensatz kombiniert werden. Ein Merkmal kann dann neben den zum Zeitpunkt t erfaßten Spektralbereichen $\lambda_1, \lambda_2, ..., \lambda_m$ auch Spektralbereichen $\lambda_1', \lambda_2', ..., \lambda_l'$ entsprechen, die zu einem oder mehreren früheren Zeitpunkten $t_i < t$ aufgezeichnet wurden[2].

Eine derartige Vorgehensweise ist dann nützlich, wenn die zu differenzierenden Objektklassen - beispielsweise landwirtschaftliche Nutzflächen - unterschiedlichen phänologischen Veränderungen unterliegen (ALBERTZ 1991, S. 149). In diesen Fällen kann es vorkommen, daß es keinen Zeitpunkt gibt, zu dem sich sämtliche Landbedeckungsarten nur anhand der spektralen Informationen einer einzigen Aufnahme klassifizieren lassen (SCHREIER, GOODFELLOW & LAVKULICH 1982). Hier führt die Integration von Multispektraldaten verschiedener Aufnahmezeitpunkte zu zusätzlichen Unterscheidungskriterien zwischen den Objektklassen. Dies wiederum kann die Ausweisung einer gegenüber monotemporalen Daten größeren Zahl von Klassen ermöglichen, wie etwa LICHTENEGGER & SEIDEL (1980) und BADHWAR (1984) aufzeigten.

Ein wesentliches Kennzeichen sowohl des multispektralen als auch des multitemporalen Ansatzes ist es, daß für die Zuweisung eines Bildelements in eine Klasse ausschließlich dessen Meßwerte in den aufgezeichneten Spektralkanälen Berücksichtigung finden. Die in die Klassifikation eingehenden Merkmale sind also rein bildpunktbezogen. Informationen von benachbarten Bildelementen gehen bei der Zuordnung eines Pixels nicht ein. Es ist daher naheliegend, für eine mögliche Verbesserung des Klassifikationsergebnisses auch Merkmale einzubeziehen, deren Ausprägungen sich neben dem Grauwert eines Pixels auch aus umliegenden Pixelwerten berechnen lassen.

Dieser Ansatz, auch *spatial pattern recognition* genannt (LILLESAND & KIEFER 1994, S. 586), erfordert vom Anwender eine Wahl derjenigen Pixel, die in die Berechnung einfließen sollen. Hierzu legt er ein bestimmtes, in Pixeleinheiten definiertes Be-

---

[1] engl. *spectral pattern recognition*

[2] Da man bei der Integration von Datensätzen verschiedenen Datums gewöhnlich an einer Vergleichbarkeit der Daten interessiert ist, gilt meist $\{\lambda_1', \lambda_2', ..., \lambda_l'\} \subseteq \{\lambda_1, \lambda_2, ..., \lambda_m\}$.

trachtungsfenster fest. Dieses Fenster - meist quadratisch und mit ungerader Seitenlänge - wird symmetrisch auf jenes Pixel plaziert, für das die umgebungsabhängige Merkmalsausprägung berechnet werden soll. Beispielsweise bedeutet ein 3 x 3-Fenster, daß neben dem zentralen Pixel noch seine unmittelbaren acht Nachbarn betrachtet werden und deren Werte in die Berechnung eingehen. Der so ermittelte Wert läßt sich anschließend dem zentralen Pixel zuordnen.

Da die entsprechenden Werte des betrachteten umgebungsabhängigen Merkmals natürlich für alle Pixel eines Bildes vorliegen müssen, wird das definierte Fenster Bildpunkt für Bildpunkt über das gesamte Bild verschoben und die zugehörige Ausprägung dem jeweils zentralen Pixel zugewiesen. Auf diese Weise erhält jedes Pixel des Bildes neben seinen spektralen Werten auch einen zusätzlichen abgeleiteten Wert[3].

Als umgebungsabhängige Merkmale kommen eine Reihe von Größen in Frage (vgl. z. B. HABERÄCKER 1991, S. 296 ff.; ABMAYR 1994, S. 264 ff.). Sehr einfache Beispiele hierfür sind Momente der Grauwertverteilung im betrachteten Fenster wie der mittlere Grauwert

$$\bar{x} = \frac{\sum_{i=1}^{\sqrt{n}} \sum_{j=1}^{\sqrt{n}} x_{ij}}{n}$$

und die lokale Varianz

$$s^2 = \frac{\sum_{i=1}^{\sqrt{n}} \sum_{j=1}^{\sqrt{n}} \left(x_{ij} - \bar{x}\right)^2}{n-1},$$

wobei

x_{ij} = Grauwert des Pixels $P(i,j)$

n = Anzahl der Pixel in einem quadratischen Teilbild der Seitenlänge $\sqrt{n}$.

Der mittlere Grauwert erfaßt die Helligkeit im Teilbild, während die lokale Varianz Aussagen über den Kontrast im betrachteten Bildbereich gestattet.

[3] Eine Ausnahme bilden jene Pixel, die innerhalb eines Abstandes von einer halben Fensterseitenlänge zum Bildrand liegen. Diese Randpixel werden nicht berücksichtigt, da hier das Fenster am Bildrand überstehen und damit teilweise undefinierte Werte liefern würde.

Im Gegensatz zu diesen Größen, welche jeweils immer nur für einen Kanal berechnet werden, berücksichtigt die mittlere euklidische Distanz d Informationen aus mehreren Spektralbereichen (IRONS & PETERSEN 1981):

$$d = \frac{\sum_{i=1}^{\sqrt{n}} \sum_{j=1}^{\sqrt{n}} \sqrt{\sum_{\lambda=1}^{m} \left(x_{c\lambda} - x_{ij\lambda}\right)^2}}{n-1},$$

wobei

$x_{c\lambda}$ = Grauwert des zentralen Fensterpixels $P(c)$ im Spektralkanal λ

$x_{ij\lambda}$ = Grauwert des Pixels $P(i, j)$ im Spektralkanal λ

n = Anzahl der Pixel in einem quadratischen Fenster der Seitenlänge $\sqrt{n}$.

Wie die lokale Varianz ist auch die mittlere euklidische Distanz ein Maß für die Streuung der Pixelwerte im betrachteten Fenster.

Weitere umgebungsabhängige Merkmale lassen sich aus den später noch vorgestellten Grauwertübergangs- oder Co-Occurrence-Matrizen gewinnen (vgl. Kap. 4.2.2).

Bislang wurden nur Merkmale betrachtet, die entweder den vom Sensor aufgezeichneten spektralen Kanälen entsprechen oder sich aus ihnen extrahieren lassen. Neben diesen spektralen Daten können aber auch Informationen aus externen Datenquellen wie Geographischen Informationssystemen oder thematischen Karten berücksichtigt werden. Und zwar dann, wenn diese Informationen jedem einzelnen Pixel $P(x, y)$ des betrachteten Bildes zugänglich gemacht werden, d. h. für jedes Pixel $P(x, y)$ als Zahlenwert vorliegen. Beispiele für derartige „künstliche Kanäle" sind Bodeneigenschaften, Niederschlagswerte oder aus Digitalen Geländemodellen abgeleitete Größen wie Hangneigung und Exposition (ALBERTZ 1991, S. 148; Abb. 1).

2.1.2 Der Merkmalsraum

Hat man n für die Klassifizierung als relevant erachtete Merkmale ausgewählt, so läßt sich aus ihnen ein Koordinatensystem mit paarweise senkrecht aufeinanderstehenden Achsen bilden. Diese spannen einen n-dimensionalen Raum, den sog. Merkmalsraum auf. Trägt man darin die jeweiligen n Werte eines Bildpunkts ein, so stellt jeder Bildpunkt einen n-dimensionalen Merkmalsvektor in diesem n-dimensionalen Raum dar.

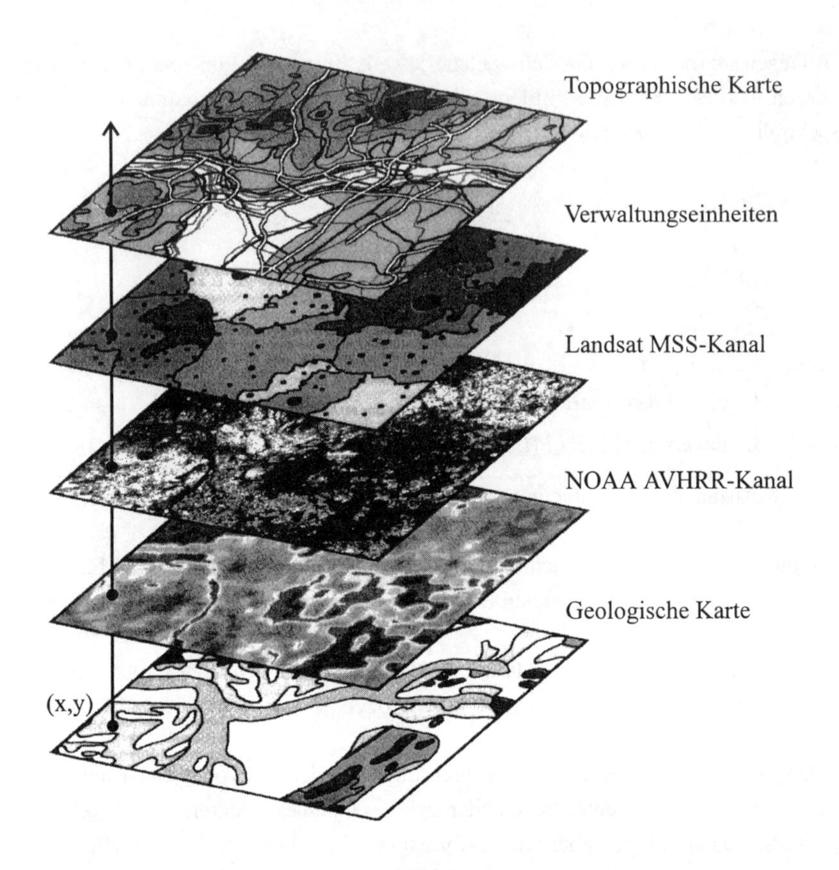

Abb. 1: Spektrale Merkmale in Kombination mit „künstlichen“ Merkmalen aus Karten und Geo-Informationssystemen
Quelle: GÖPFERT 1991, S. 227; verändert

Jedes Bildelement eines Datensatzes bekommt über seine Merkmalswerte eine eindeutige Position im Merkmalsraum zugewiesen. Bildelemente mit ähnlichen Merkmalseigenschaften bilden eine Objekt- oder Musterklasse.

Die Pixel einer Klasse fallen dabei nicht in einem Punkt zusammen, sondern aufgrund individueller Unterschiede der Flächenelemente in einem Punktehaufen oder Cluster. Unterscheiden sich Objektklassen bezüglich der gemessenen Merkmale, so liegen die einzelnen Objektklassen in verschiedenen Bereichen des Merkmalsraumes (ALBERTZ 1991, S. 140). Abbildung 2 zeigt ein Beispiel für eine hypothetische Häufigkeitsverteilung der Meßwerte von drei Objektklassen in einem durch die Spektralbereiche λ_1, λ_2 und λ_3 aufgespannten dreidimensionalen Merkmalsraum.

Die Cluster der einzelnen Objektklassen befinden sich hier signifikant voneinander getrennt in unterschiedlichen Bereichen des Merkmalsraumes. In der Praxis tritt eine derart deutliche Trennbarkeit der Objektklassen bezüglich der einbezogenen Merkmale allerdings nur selten auf. Meist liegen die Punktehaufen aufgrund nur beschränkt zur Verfügung stehender bzw. ungünstig gewählter Merkmale eng beieinander oder sie überschneiden sich sogar (Abb. 3). Wird dann nicht mindestens ein weiteres zur Differenzierung der Objektklassen beitragendes Merkmal einbezogen, ist eine fehlerfreie Klassifizierung nicht möglich.

Grundsätzlich ist zunächst unbekannt, welche Punktewolke einer bestimmten Objektklasse zugeordnet ist und welche Bereiche des n-dimensionalen Merkmalsraumes die Objektklassen einnehmen (HABERÄCKER 1991, S. 251). Das Ziel der Klassifizierung besteht daher darin, Cluster aus ähnlichen Objekten im Merkmalsraum zu identifizieren und von benachbarten Clustern zu trennen (ABMAYR 1994, S. 277).

Für die Lösung dieser Aufgabe existieren zwei unterschiedliche Strategien, welche zu einer Einteilung der Klassifikationsverfahren in überwachte und unüberwachte Methoden führen.

2.1.3 Überwachte und unüberwachte Klassifikationsverfahren

Überwachten Verfahren liegt die Idee zugrunde, Vorinformationen über die Zugehörigkeit einzelner Objekte zu bestimmten Klassen in den Auswerteprozeß einzubeziehen. Dazu wird die Häufigkeitsverteilung einer Objektklasse zunächst durch eine Stichprobe mit bekannten Objekten geschätzt (JÄHNE 1993, S. 172). Hierfür wählt der Untersucher Objekte aus, von denen er weiß, welcher Objektklasse sie angehören. Für jede zu unterscheidende Objektklasse muß mindestens ein derartiges Referenz- oder „Trainingsobjekt“ vorliegen. Mit Hilfe solcher Referenzobjekte lassen sich dann numerische Kriterien ableiten, anhand derer die jeweilige Objektklasse charakterisiert und von anderen Klassen unterschieden werden kann. Es entsteht also eine Art „Interpretationsschlüssel“ (LILLESAND & KIEFER 1994, S. 586), über den jedes Objekt des Datensatzes der Klasse zugewiesen werden kann, zu der es die größte Ähnlichkeit hat.

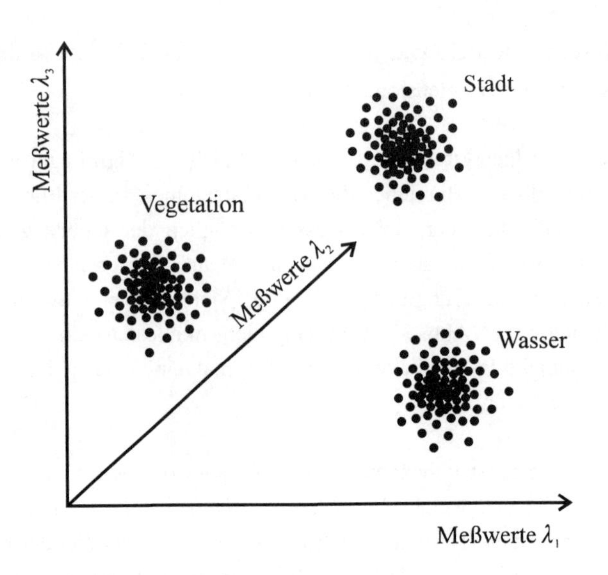

Abb. 2: Drei räumlich getrennte Objektklassen in einem dreidimensionalen Merkmalsraum

Quelle: ALBERTZ 1991, S. 141; verändert

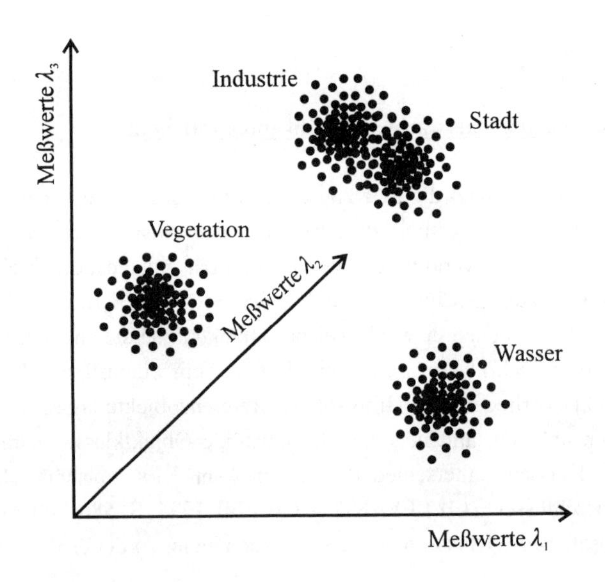

Abb. 3: Vier räumlich z. T. nicht getrennte Objektklassen in einem dreidimensionalen Merkmalsraum

Quelle: ALBERTZ 1991, S. 141; verändert

Im Falle der Klassifikation von multispektralen Luft- und Satellitenbildern stellen die Referenzobjekte Pixel dar, deren Landbedeckung bereits bekannt ist. Überwachte Verfahren setzen also ein *a priori*-Wissen über das zu klassifizierende Untersuchungsgebiet voraus. Solche Vorinformationen können beispielsweise aus topographischen und thematischen Karten, Luftbildern oder Geländebegehungen stammen.

In einem ersten Schritt - der Trainingsphase - werden anhand der repräsentativ ausgewählten Testareale numerische Daten über die spektralen Reflexionseigenschaften der einzelnen Landbedeckungskategorien gesammelt. Für jede Kategorie wird auf diese Weise eine für sie typische numerische Beschreibung, die sog. spektrale Signatur erzeugt. Diese Signaturen können parametrisch oder nicht-parametrisch sein. Parametrische Signaturen basieren auf statistischen Größen wie Mittelwert und Varianz-/Kovarianzmatrix. Dagegen werden nicht-parametrische Signaturen aus diskreten Objekten wie Polygonzügen erzeugt, indem diese Objekte die Grenzen jeder Objektklasse im Merkmalsraum definieren (ERDAS 1994, S. 227). Im Prinzip ist die Erstellung von kategorienspezifischen Signaturen nicht auf spektrale Merkmale beschränkt, sondern kann alle Merkmale umfassen, die zu einer Differenzierung der Objektklassen beitragen.

Nach der Erzeugung der spektralen Signaturen erfolgt in einem zweiten Schritt ein Vergleich der Merkmalsvektoren der unbekannten Pixel mit den Signaturen der Trainingsflächen. Ein noch nicht klassifiziertes Pixel bekommt dann jene Landbedeckungskategorie zugewiesen, zu der es die nach geeigneten Kriterien definierte größte Ähnlichkeit hat.

Unüberwachte Verfahren oder Cluster-Analysen beschreiten einen anderen Weg. Hier besteht die Aufgabe, die Gesamtheit der Bildelemente in eine Anzahl von Klassen zu unterteilen. Und zwar so, daß alle Bildelemente, die sich bezüglich der eingehenden Merkmale ähnlich sind, zu einer Klasse zusammengefaßt werden. Unüberwachte Verfahren verzichten auf ein Vorwissen über den Untersuchungsraum. Da somit auch keine Stichproben von bereits bekannten Objektklassen vorliegen, ist die Definition der Klassen lediglich von den Daten selber abhängig.

Cluster-Analysen haben zum Ziel, inhärente statistische Muster des Datensatzes aufzudecken (ERDAS 1994, S. 226). Dabei ist die Häufigkeitsverteilung jeder zu erzeugenden Klasse im Merkmalsraum unbekannt. Auch über die Anzahl der Klassen brauchen bei diesen Verfahren in der Regel keine Vorinformationen vorliegen. Eine Ausnahme bilden einige iterative Verfahren wie die ISODATA-Methode (vgl. Kap. 2.2.2), die vom Anwender im vorhinein eine Angabe über die Zahl der zu erzeugenden Klassen erwarten. Hier wird dann durch wiederholtes, häufig rechenintensives Anwenden einer Zuordnungsvorschrift versucht, die vorbestimmte Zahl von „stabilen“ Klassen zu generieren.

Unüberwachte Verfahren sind im Sinne der Klassenerzeugung objektiver als überwachte Verfahren (ABMAYR 1994, S. 172). Wie diese beinhalten sie jedoch für ihre sinnvolle Anwendung neben der rechnergestützten Klassenerzeugung auch einen vom Bearbeiter vorzunehmenden Interpretationsschritt. Denn mag es zwar in einigen Anwendungsfällen wichtiger sein, lediglich Gruppen von Pixeln mit ähnlichen spektralen Eigenschaften zu bilden - z. B. bei der hier in dieser Arbeit entwickelten Klassifikationsmethode -, so ist man meist daran interessiert, den entstandenen Mustern verständliche Landbedeckungskategorien zuzuordnen.

In eine überwachte Klassifikation fließt das Vorwissen des Bearbeiters dahingehend ein, daß dem eigentlichen Kategorisierungsvorgang eine Trainingsphase anhand bereits bekannter Musterklassen vorangestellt wird. Im Falle der unüberwachten Klassifikation dagegen ist das Vorgehen quasi umgekehrt. Hier erfolgt eine Integration der Kenntnisse des Bearbeiters nach der Zusammenfassung der Objekte, indem den durch die einbezogenen Merkmale induzierten natürlichen Klassen eine Bedeutung zugewiesen wird. Dies geschieht durch Vergleich der klassifizierten Daten mit irgendeiner Form von Referenzdaten. Hierfür können - analog der Auswahl von Trainingsgebieten bei der überwachten Klassifikation - topographische und thematische Karten, Luftbilder oder durch Geländebegehungen erhobene Informationen dienen.

Die Interpretation der unüberwacht erzeugten Klassen kann sich allerdings schwierig gestalten, da die generierten Muster lediglich Cluster von Pixeln mit ähnlichen Merkmalseigenschaften darstellen und nicht notwendigerweise mit erkennbaren realen Landbedeckungskategorien korrespondieren müssen (ERDAS 1994, S. 226). Häufig werden Cluster-Analysen deshalb nicht als selbständige Verfahren, sondern zur Vorbereitung einer überwachten Klassifizierung eingesetzt. Beispielsweise läßt sich mit ihnen überprüfen, ob die vorliegenden Meßdaten überhaupt eine Trennung in die gewünschten Objektklassen ermöglichen bzw. ob die gewählten Klassen sich nicht ihrerseits in mehrere Unterklassen zerlegen lassen (ALBERTZ 1991, S. 143).

2.2 Statistische Klassifikatoren

2.2.1 Prinzipien

Traditionelle statistische Verfahren umfassen eine Vielzahl von Methoden, welche eine weite Verbreitung bei der Klassifikation von Fernerkundungsdaten gefunden haben. Sehr häufig eingesetzte Verfahren sind die Minimum-Distanz-Methode, die Parallelepiped-Methode und die Maximum-Likelihood-Methode (GIERLOFF-EMDEN 1989, S. 491 f.).

Statistische Klassifikationsverfahren werden in vielen Lehrbüchern zur Fernerkundung sowie der digitalen Bildverarbeitung umfassend vorgestellt (z. B. SWAIN & DAVIS 1978; HABERÄCKER 1991; LILLESAND & KIEFER 1994). Es ist an dieser Stelle daher ausreichend, einen kurzen Überblick über die wesentlichen Prinzipien der Verfahren zu geben.

Verfahren der statistischen Mustererkennung zeichnen sich durch die Eigenschaft aus, daß sie die Pixel eines Bildes aufgrund ihres jeweiligen Merkmalsvektors sowie verschiedener statistischer Kenngrößen klassifizieren. Diese Größen können aus den Trainingsflächen der vorgegebenen Klassen geschätzt werden und stellen eine Beschreibung der einzelnen Klassen dar. Da jede Klasse eine bestimmte Region im Merkmalsraum einnimmt (Abb. 4), dienen die Kenngrößen insbesondere einer Charakterisierung bzw. Konstruktion dieser Regionen im Merkmalsraum.

Die verschiedenen statistischen Klassifikationsmethoden unterscheiden sich lediglich durch die Art und Weise, wie sie die Regionen im Merkmalsraum charakterisieren bzw. konstruieren (LOHMANN 1991, S. 9). Ist n die Anzahl der einbezogenen Merkmale, dann stellen etwa bei der Minimum-Distanz-Methode die Regionen n-dimensionale konvexe Polyeder dar, die sich durch Mittelwertvektor und Abstände zu den begrenzenden Ebenen charakterisieren lassen (Abb. 5).

Die Parallelepiped-Methode dagegen konstruiert n-dimensionale Hexaeder mit verschiedenen Seitenlängen (Abb. 6), die ihrerseits wieder zum Zwecke der Vermeidung von Überlappungen in verschiedene Hexaeder zerfallen können (Abb. 7).

Ein zu klassifizierendes Pixel wird in jene Klasse eingeordnet, zu der es die nach bestimmten Kriterien definierte größte Ähnlichkeit hat. Diese Kriterien hängen mit den abgeleiteten statistischen Kenngrößen zusammen und bilden die Entscheidungsregel des Klassifikationsverfahrens.

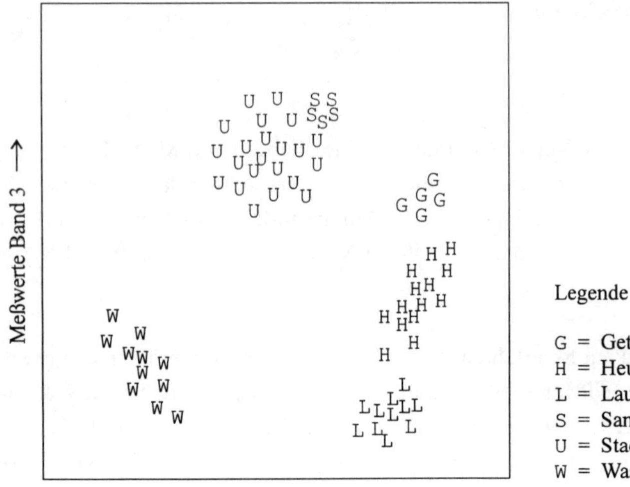

Abb. 4: Darstellung der Pixelwerte verschiedener Trainingsflächen in einem zweidimensionalen Merkmalsraum

Quelle: LILLESAND & KIEFER 1994, S. 590; verändert

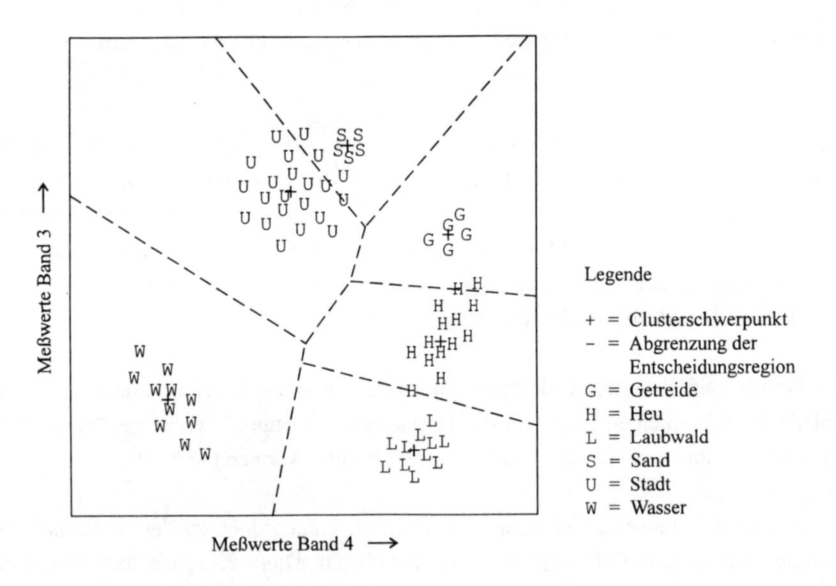

Abb. 5: Entscheidungspolygone eines Minimum-Distanz-Klassifikators in einem zweidimensionalen Merkmalsraum

Quelle: LILLESAND & KIEFER 1994, S. 591; verändert

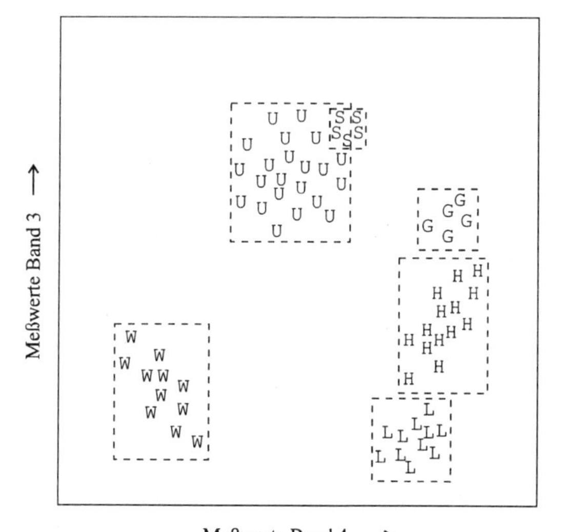

Abb. 6: Entscheidungsrechtecke eines Parallelepiped-Klassifikators in einem zweidimensionalen Merkmalsraum

Quelle: LILLESAND & KIEFER 1994, S. 592; verändert

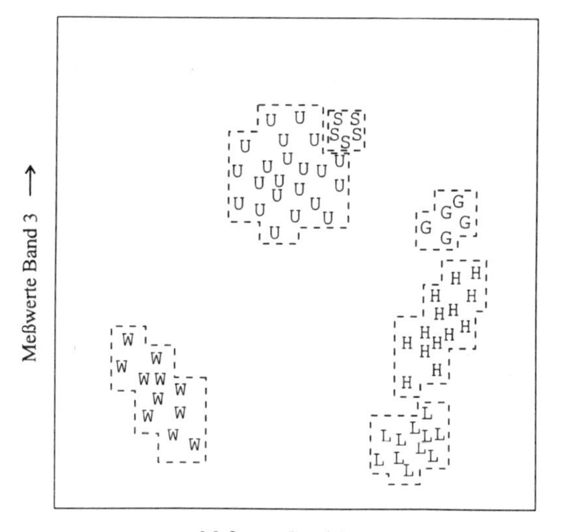

Abb. 7: Gestufte Entscheidungsrechtecke eines Parallelepiped-Klassifikators in einem zweidimensionalen Merkmalsraum

Quelle: LILLESAND & KIEFER 1994, S. 593; verändert

Im Falle des Minimum-Distanz-Verfahrens etwa werden die einzelnen Bildelemente der Klasse zugeteilt, zu deren Schwerpunkt sie den geringsten Abstand aufweisen. Dagegen fragt die Entscheidungsregel der Parallelepiped-Methode für ein zu klassifizierendes Pixel ab, ob dessen Merkmalsvektor in eines der vorher konstruierten Hexaeder fällt. Trifft dies nicht zu, bleibt das Pixel unklassifiziert.

Unter den verschiedenen statistischen Entscheidungsregeln stellt die Maximum-Likelihood-Regel bzw. die Bayes-Regel aufgrund der im allgemeinen zu erzielenden guten Klassifikationsergebnisse die am weitesten eingesetzte Methode dar. Die Regel bzw. das mit ihr zusammenhängende überwachte Klassifikationsverfahren wird hier deshalb kurz näher vorgestellt.

Zuvor jedoch sei - als ein Vertreter der unüberwachten Verfahren - die auf der Minimum-Distanz-Entscheidungsregel beruhende ISODATA-Methode erläutert, da sie einen Bestandteil des in dieser Arbeit entwickelten Klassifikationsverfahrens darstellt.

2.2.2 Das ISODATA-Verfahren

Die von HALL & BALL (1965; vgl. auch BALL & HALL 1967) entwickelte ISODATA-Methode ist eine der am häufigsten eingesetzten unüberwachten Klassifikationsverfahren. Der Name ISODATA steht für **I**terative **S**elf-**O**rganizing **D**ata **A**nalysis **T**echnique. Dieser Algorithmus ist iterativ in dem Sinne, daß er wiederholt eine vollständige Klassifikation über den gesamten Datensatz durchführt und dabei verschiedene statistische Maße so modifiziert, daß die dem Datensatz innewohnenden Cluster langsam zum Vorschein kommen. Der Begriff „Self-Organizing" deutet darauf hin, daß für die Erzeugung der einzelnen Cluster kaum Vorinformationen seitens des Anwenders eingebracht werden müssen.

Die in dieser Arbeit verwendete und im folgenden vorgestellte Version des Verfahrens entstammt dem Bildverarbeitungssystem ERDAS IMAGINE, Version 8.2 (vgl. ERDAS 1994, S. 241 ff.).

Der Klassifikationsprozeß beginnt mit der willkürlichen Festlegung von N Clustermittelwerten im Merkmalsraum. Der Wert N gibt dabei die Anzahl der maximal zu erzeugenden Cluster an und muß vom Anwender im vorhinein spezifiziert werden.

Jeder Cluster stellt die Basis für eine von n Landbedeckungsklasse dar. Somit bedeutet die Vorgabe der maximalen Anzahl von zu erzeugenden Clustern gleichzeitig auch die Festlegung, wieviel Landbedeckungsklassen höchstens generiert werden können. Der

Anwender bringt also ein Vorwissen in den Klassifikationsprozeß dahingehend ein, daß er abschätzen muß, wie viele Landbedeckungsklassen im betrachteten Untersuchungsgebiet annähernd vorkommen.

Die initialen Clustermittelwerte werden gleichmäßig entlang einer Geraden verteilt, die zwischen den Punkten mit den Koordinaten (μ_1 - σ_1, μ_2 - σ_2, ..., μ_n - σ_n) und (μ_1 + σ_1, μ_2 + σ_2, ..., μ_n + σ_n) verläuft. Abbildung 8 zeigt ein Beispiel für eine derartige Verteilung von fünf Clustermittelwerten in einem durch die Kanäle A und B aufgespannten zweidimensionalen Merkmalsraum.

Nach der Bildung der Clustermittelwerte müssen im nächsten Schritt die Abstände der Pixel zu den jeweiligen Clustermittelwerten berechnet werden. Die ISODATA-Methode benutzt als Entscheidungsregel gewöhnlich die minimale euklidische Distanz, um ein zu klassifizierendes Pixel einem Cluster zuzuordnen[4]. Diese Entscheidungsregel berechnet den euklidischen Abstand zwischen dem Merkmalsvektor eines zu klassifizierenden Pixels und dem jeweiligen Mittelwert der einzelnen Cluster. Die euklidische Distanz *SD* - oft auch spektrale Distanz bezeichnet - zwischen dem Merkmalsvektor $\mathbf{x}_{x,y}$ des Pixels mit den Bildkoordinaten *x*, *y* und dem Cluster *c* errechnet sich zu

$$SD_{\mathbf{x}_{x,y}c} = \sqrt{\sum_{j=1}^{n} \left(\mu_{cj} - \mathbf{x}_{x,y}|j\right)^2}$$

mit n = Anzahl der einbezogenen Kanäle (Dimensionen)

μ_{cj} = Mittelwert der Grauwerte des *j*-ten Kanals in Cluster *c*

$\mathbf{x}_{x,y}|j$ = Grauwert des Pixels mit den Koordinaten *x*, *y* in Kanal *j*.

Nachdem die euklidische Distanz für alle möglichen Werte von *c*, d. h. für alle vorkommenden Klassen ermittelt worden ist, wird ein zu klassifizierendes Pixel jenem Cluster zugewiesen, zu dessen Mittelwert es den geringsten Abstand hat. Abbildung 9 veranschaulicht das typische Resultat des ersten Iterationsschrittes. Als Folge der Zuweisung der Pixel zu den einzelnen Klassen wird ein thematisches Layer erzeugt, welches für jedes Pixel die vorläufige Klassenzugehörigkeit zeigt.

[4] Im Prinzip läßt sich allerdings jede Entscheidungsregel verwenden.

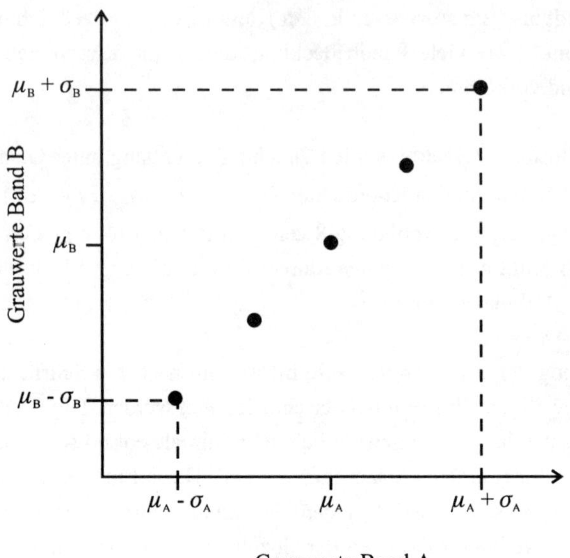

Abb. 8: Initiale ISODATA-Clustermittelwerte
Quelle: ERDAS 1994, S. 242; verändert

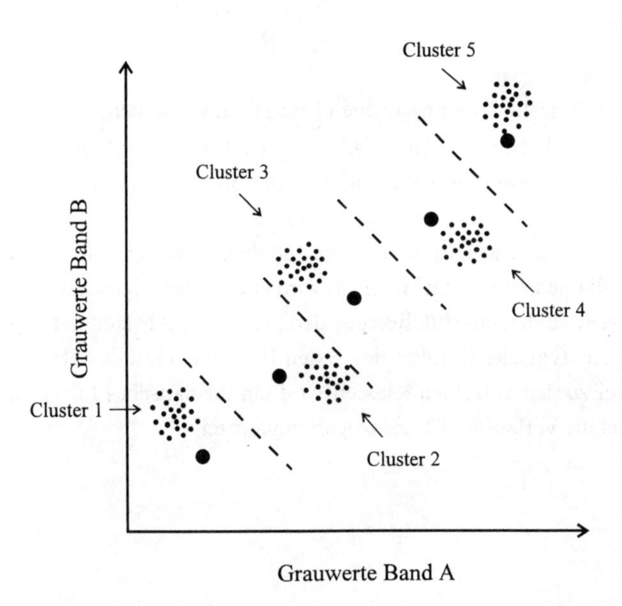

Abb. 9: Ergebnis des ersten Iterationsschrittes des ISODATA-Verfahrens
Quelle: ERDAS 1994, S. 243; verändert

Im zweiten Iterationsschritt werden die Mittelwerte der Cluster aus den jeweils zugewiesenen Pixelwerten neu berechnet. Dies bewirkt eine Verschiebung der *N* Mittelwerte im Merkmalsraum. Jedes Pixel wird anschließend erneut mit jedem der neuen Clustermittelwerte verglichen und jenem Cluster zugeordnet, zu dessen Mittelwert es den geringsten Abstand hat[5] (Abb. 10). Als Zwischenergebnis entsteht wiederum ein Layer mit den vorläufigen Klassenzugehörigkeiten der einzelnen Pixel.

In den weiteren Iterationsschritten wird das soeben beschriebene Verfahren wiederholt. Um sicherzustellen, daß der Iterationsprozeß nicht endlos läuft, muß ein Abbruchkriterium formuliert werden. Es soll sicherstellen, daß ein Abbruch dann stattfindet, wenn zwischen zwei aufeinanderfolgenden Iterationen keine signifikante Änderung in der Lage der Clustermittelwerte im Merkmalsraum stattgefunden hat. Zu diesem Zweck erfolgt die Definition einer Konvergenz-Schranke *T*. Sie legt die maximal erlaubte Prozentzahl der Pixel fest, deren Klassenwerte zwischen zwei aufeinanderfolgenden Iterationen unverändert bleiben dürfen. Wird dieser Grenzwert erreicht oder überschritten, so stoppt der Iterationsprozeß.

Unter Umständen konvergiert der Anteil der zwischen den Iterationen unverändert bleibenden Pixel jedoch nicht gegen den vorbestimmten Grenzwert *T*. Für diesen Fall kann der Anwender eine maximale Zahl von *M* Durchläufen bestimmen, nach der das Verfahren spätestens abbricht.

Nach jeder Iteration wird also der Prozentsatz der Pixel bestimmt, deren Zuordnung sich seit dem letzten Durchlauf nicht geändert hat. Das Verfahren der Neuberechnung von Clustermittelwerten mit anschließender Neuzuordnung der Pixel wird so lange wiederholt, bis entweder der Grenzwert *T* oder der Maximalwert *M* erreicht ist.

Das Ergebnis der ISODATA-Klassifikation ist eine Karte mit *N* Klassen, wie sie sich bei ausschließlich pixelweiser Betrachtung aus der inhärenten Struktur des Datensatzes im Merkmalsraum ergibt. Dem Anwender fällt abschließend die Aufgabe zu, die erzeugten Cluster in eine thematische Karte der Landbedeckung zu überführen, in dem er den verschiedenen Clustern eine inhaltliche Bedeutung zuweist.

[5] In der ERDAS-Programmversion 7.5 bestand die Möglichkeit, die Mindestanzahl von Pixeln in einem Cluster vorab festzulegen. Wurde dieser Wert nach Durchlauf eines Iterationsschrittes unterschritten, so konnte der entsprechende Cluster aufgelöst und die zugehörigen Pixel anderen Clustern zugeordnet werden. Damit verringerte sich natürlich die Anzahl der aktuell existierenden Klassen auf einen Wert kleiner als die ursprünglich festgelegte Zahl *N*. In der aktuellen Programmversion 8.2 hat der Anwender keine Möglichkeit, die minimale Anzahl von Pixeln pro Cluster explizit festzulegen.

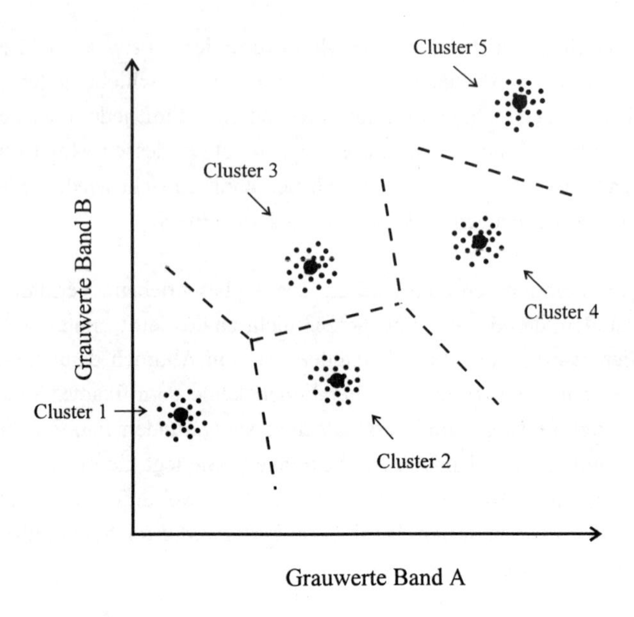

Abb. 10: Ergebnis des zweiten Iterationsschrittes des ISODATA-Verfahrens
Quelle: ERDAS 1994, S. 243; verändert

Insgesamt kann man sagen, daß der ISODATA-Algorithmus sehr erfolgreich beim Auffinden von im Datensatz versteckten spektralen Clustern ist. Dies liegt zum einen daran, daß der Algorithmus aufgrund seiner iterativen Vorgehensweise den Vorteil besitzt, nicht verzerrend in Richtung der ersten oder letzten Pixel des Datensatzes zu wirken. Es ist für das Ergebnis der Klassifikation unwesentlich, in welcher Reihenfolge die einzelnen Pixel in das Verfahren einbezogen werden. Zum anderen spielt es keine Rolle, wo die ursprünglichen Clustermittelwerte lokalisiert sind. Solange genügend Iterationen erlaubt werden, nähern sie sich mit fortschreitendem Verlauf gewöhnlich den gewünschten inhärenten Mittelwerten an.

Als nachteilig für das Verfahren wirkt sich allerdings aus, daß der Algorithmus zum Auffinden der dem Datensatz innewohnenden Strukturen mitunter eine Vielzahl von Iterationen und damit Rechenzeit benötigt, um zum gewünschten Ergebnis zu gelangen. Insbesondere deshalb wurden im Laufe der Zeit Modifikationen am Verfahren vorgeschlagen, die einer Verbesserung des Konvergenzverhaltens dienen (z. B. CARMAN & MERICKEL 1990, VENKATESWARLU & RAJU 1992).

Ein weiterer Nachteil der ISODATA-Methode besteht darin, daß wie bei jedem rein pixelbezogenen Verfahren die einzelnen Pixel lediglich isoliert betrachtet und somit mögliche Korrelationen zwischen benachbarten Pixeln nicht berücksichtigt werden.

Problematisch ist auch die Tatsache, daß der Anwender die Anzahl der maximal zu erzeugenden Cluster im vorhinein festlegen muß. Gewöhnlich wird man sich bemühen, keine potentiellen Klassen zu vernachlässigen und somit eher mehr als zu wenig Klassen vorgeben. Dann kann allerdings bei der anschließenden Interpretation der vom Verfahren gelieferten Ausgabe die Schwierigkeit auftreten, die Vielzahl der entstandenen Muster verschiedenen Landbedeckungsklassen sinnvoll zuzuordnen.

2.2.3 Der Maximum-Likelihood-Klassifikator

Der Maximum-Likelihood-Klassifikator oder das „Verfahren der größten Wahrscheinlichkeit" berechnet anhand statistischer Parameter der vom Anwender definierten Musterklassen die Wahrscheinlichkeiten, mit denen die einzelnen Bildelemente diesen Klassen angehören (ALBERTZ 1991, S. 144). Das Verfahren geht hierfür davon aus, daß jede Musterklasse in einem durch n Merkmale aufgespannten n-dimensionalen Merkmalsraum durch eine n-dimensionale Wahrscheinlichkeitsdichtefunktion approximiert werden kann (JÄHNE 1993, S. 176). Ferner nimmt man an, daß die Verteilung der Pixel jeder Objektklasse im Merkmalsraum um den jeweiligen Klassenmittelpunkt normalverteilt ist. In diesem Fall läßt sich das Muster einer Klasse im Merkmalsraum vollständig durch den Mittelwertvektor und die Varianz-/Kovarianzmatrix beschreiben.

In einem ersten Klassifikationsschritt werden daher für jede Objektklasse aus den Trainingsflächen statistische Beschreibungen in Form von Mittelwert und Varianz-/Kovarianzmatrix erzeugt. Die bedingte Wahrscheinlichkeitsdichte $f(\mathbf{X}\,|\,c)$ für die c-te Klasse lautet dann

$$f(\mathbf{X}|c) = \frac{1}{\sqrt{(2\pi)^n \mathbf{C}_c}} \exp\left(-\frac{1}{2} (\mathbf{X} - \mathbf{M}_c)^T \mathbf{C}_c (\mathbf{X} - \mathbf{M}_c) \right),$$

wobei

$\mathbf{X}$ = der Merkmalsvektor eines zu klassifizierenden Pixels

$\mathbf{M}_c$ = der Mittelwertvektor der Trainingspixel von Klasse c

$\mathbf{C}_c$ = die Varianz-/Kovarianzmatrix der Trainingspixel von Klasse c.

Der Term $(\mathbf{X}-\mathbf{M}_c)^T \mathbf{C}_c(\mathbf{X}-\mathbf{M}_c)$ stellt die Mahalanobis-Distanz zwischen dem Pixel $\mathbf{X}$ und dem Schwerpunkt $\mathbf{M}_C$ der Klasse c dar. Sie kann als ein Maß dafür angesehen werden, wie „typisch" ein Pixel $\mathbf{X}$ für die Klasse c ist. Je größer der Abstand, desto „untypischer" ist das Pixel für die gegebene Klasse (FOODY u. a. 1992).

Konkret lassen sich mittels der Dichtefunktionen für jedes Pixel die Wahrscheinlichkeiten errechnen, mit der sie den jeweiligen Klassen angehören. Ein Pixel wird schließlich jener Klasse zugeordnet, für deren Zuweisung die größte Wahrscheinlichkeit besteht. Ist die Zuordnungswahrscheinlichkeit gemäß einer vom Anwender festzulegenden Grenze für alle Klassen zu gering, so kann das Pixel unklassifiziert bleiben.

Die Abbildungen 11 und 12 veranschaulichen die Vorgehensweise bei der Klassifikation. Aus den klassenspezifischen Dichtefunktionen (Abb. 11) lassen sich Entscheidungsregionen ableiten, die - in einem zweidimensionalen Merkmalsraum - durch Linien gleicher Wahrscheinlichkeit dargestellt werden können (Abb. 12).

Die Entscheidungsregionen jeder Klasse weisen ein für sie charakteristisches Aussehen auf, welches sich aus der Dichte und der Form der einzelnen Linien im Merkmalsraum ergibt. Das Aussehen gestattet bestimmte Rückschlüsse auf die Eigenschaften der Klassen. So weist etwa eine elliptische Form der Linien einer Musterklasse auf eine Korrelation der Merkmale in dieser Musterklasse hin. Je weiter die Linien auseinander liegen, desto größer ist die Streuung und damit die Inhomogenität der entsprechenden Musterklasse. In Abbildung 12 sind beispielsweise die Trainingspixel der Klasse „Sand" wesentlich homogener bezüglich der einbezogenen spektralen Kanäle 3 und 4 als die der Klassen „Stadt" und „Heu".

Die Maximum-Likelihood-Entscheidungsregel geht davon aus, daß für alle Klassen die Wahrscheinlichkeit für ein Auftreten im betrachteten Bild die gleiche ist. Dies muß nicht immer der Fall sein. Im Beispiel von Abbildung 12 etwa erscheint es bei der Klassifizierung eines Pixels sinnvoll, die Wahrscheinlichkeit für eine Zuweisung in die selten vorkommende Kategorie „Sand" geringer zu gewichten als für eine Zuweisung in die Kategorie „Stadt". Eine derartige Möglichkeit bietet der Bayes-Klassifikator. Diese Entscheidungsregel modifiziert die Maximum-Likelihood-Methode dahingehend, daß der Anwender die Möglichkeit hat, *a priori*-Kenntnisse über die Wahrscheinlichkeiten der einzelnen Klassen einfließen zu lassen.

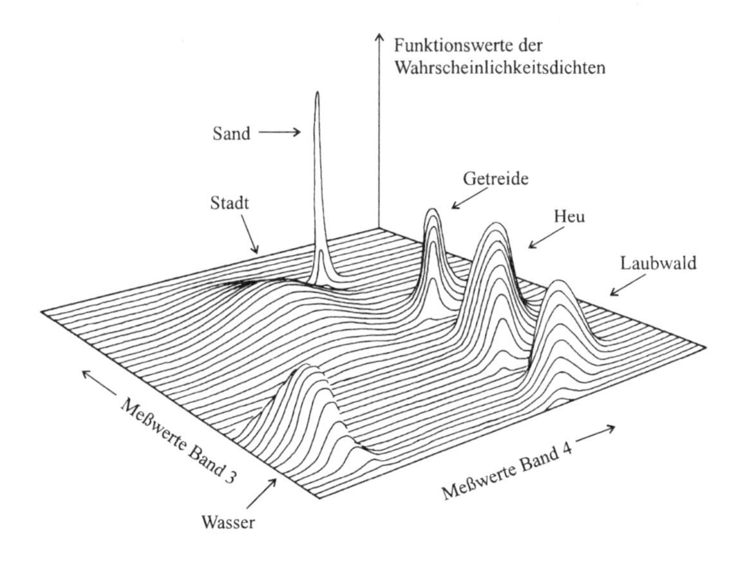

Abb. 11: Wahrscheinlichkeitsdichtefunktionen eines Maximum-Likelihood-Klassifikators

Quelle: LILLESAND & KIEFER 1994, S. 594; verändert

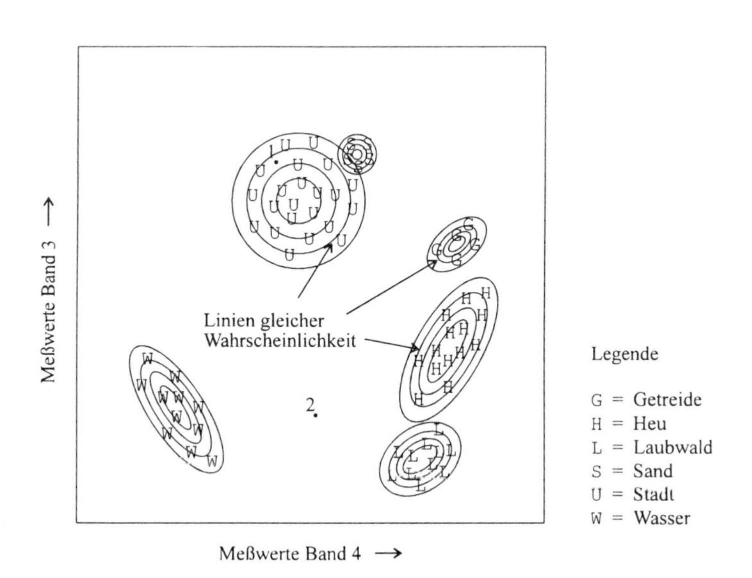

Abb. 12: Entscheidungsregionen eines Maximum-Likelihood-Klassifikators in einem zweidimensionalen Merkmalsraum

Quelle: LILLESAND & KIEFER 1994, S. 595; verändert

Sind nicht alle Wahrscheinlichkeiten gleich, so können diese für die verschiedenen Klassen individuell berücksichtigt werden, um damit die Klassifikationsgenauigkeit zu erhöhen (vgl. z. B. STRAHLER 1980; MASELLI u. a. 1992). Erwartet man beispielsweise, daß der Landbedeckungstyp „Sand" nur 12 % der betrachteten Gesamtfläche einnimmt, so erhält diese Klasse eine *a priori*-Wahrscheinlichkeit von 0,12.

Die allgemeine Gleichung für den Maximum-Likelihood-/Bayes-Klassifikator lautet - in der Formulierung von ERDAS (1994, S. 270) -

$$D_c = \ln(a_c) - \left[\frac{1}{2}\ln(|\mathbf{C}_c|)\right] - \left[\frac{1}{2}(\mathbf{X}_k - \mathbf{M}_c)^T \mathbf{C}_c^{-1}(\mathbf{X}_k - \mathbf{M}_c)\right],$$

wobei

D_c = (gewichteter) Abstand zur Klasse c
$\mathbf{X}_k$ = der Merkmalsvektor eines zu klassifizierenden Pixels P_k
$\mathbf{M}_c$ = der Mittelwertvektor der Trainingspixel von Klasse c
$\mathbf{C}_c$ = die Varianz-/Kovarianzmatrix der Trainingspixel von Klasse c.
a_c = *a priori*-Wahrscheinlichkeit, daß ein zu klassifizierendes Pixel Mitglied der Klasse c ist; bei einem Wert von 1,0 ergibt sich die Maximum-Likelihood-Entscheidungsregel.

Beim eigentlichen Klassifikationsprozeß werden für ein zu klassifizierendes Pixel $\mathbf{X}_k$ zunächst die Abstände D_c zu allen Klassen c berechnet. Das Pixel läßt sich anschließend der Klasse zuordnen, zu der es den geringsten Abstand hat, d. h. für welche eine Zugehörigkeit die größte Wahrscheinlichkeit aufweist. In Abbildung 12 beispielsweise wird das Pixel 1 in die Klasse „Stadt" eingeordnet. Sind die jeweiligen Abstände zu allen Klassen zu gering, d. h. liegen sie unter einer vom Anwender vorbestimmten Schranke, so kann ein Pixel auch unklassifiziert bleiben (z. B. Pixel 2 in Abb. 12).

Die wohl wesentlichste Stärke des Maximum-Likelihood-Verfahrens besteht darin, daß es neben dem Mittelwertvektor einer Klasse als weiteren Parameter auch die Variabilität der Klasse in Form der Varianz-/Kovarianzmatrix berücksichtigt. Diese Betrachtung der jeweiligen klasseninternen Beziehungen der Merkmale führt zu guten Klassifikationsergebnissen, solange die Musterklassen als angenähert normalverteilt angesehen werden können. Ist dies nicht der Fall, lassen sich mit einem parametrischen Verfahren wie der Maximum-Likelihood-Methode Fehlklassifikationen nicht ausschließen.

Neben der Abhängigkeit von der Normalverteilung in den einzelnen Klassen liegt ein weiterer Nachteil der Maximum-Likelihood-Klassifikation darin, daß sie häufig mit langen Rechenzeiten verbunden ist. Gerade wenn viele Kategorien vorgegeben werden oder viele Kanäle in den Klassifikationsprozeß einfließen, kann sich dies negativ auf den Rechenaufwand auswirken. Daher wurden verschiedene Modifikationen vorgeschlagen, um das Laufzeitverhalten des Verfahrens zu verbessern (z. B. BOLSTAD & LILLESAND 1991; VENKATESWARLU & SINGH 1995). Doch auch diese Veränderungen am Originalverfahren können bestimmte Defizite des Maximum-Likelihood-Klassifikators - wie auch der übrigen statistischen Klassifikationsmethoden - nicht beseitigen.

2.3 Ursachen für Fehlklassifikationen bei statistischen Verfahren

2.3.1 Pixelwerte und ihre Variationen

Ein wesentliches Ziel der Klassifikation von Luft- und Satellitenbildern ist bis heute die automatische Kategorisierung aller Pixel eines Bildes in Landbedeckungsklassen (LILLESAND & KIEFER 1994, S. 585). Landbedeckung wird dabei definiert als „the physical evidence on the surface of the earth" (LILLESAND & KIEFER 1994, S. 170). Grünflächen, Ackerland, Straßen und Seen sind alles Beispiele für Landbedeckungstypen.

Da Landbedeckung in einem direkten Zusammenhang mit den spektralen Pixelwerten eines Bildes steht, ist eine Landbedeckungsklassifikation mit konventionellen, rein pixelbasierten Klassifikatoren wie etwa der Maximum-Likelihood-Methode relativ einfach (GONG & HOWARTH 1992a). So kann es nicht weiter überraschen, daß auch gegenwärtig noch - mit durchaus gutem Erfolg - in vielen Fällen bei der Klassifikation von Fernerkundungsdaten nur die spektralen Merkmale der Pixel, nicht aber deren räumlicher Kontext Berücksichtigung finden. Die Entscheidung, welcher Klasse ein bestimmtes Pixel zugeordnet wird, hängt in diesem Fall also ausschließlich von seinen spektralen Eigenschaften ab.

Unter bestimmten Bedingungen ist für eine genaue Klassifikation die alleinige Betrachtung von spektralen Merkmalen jedoch nicht ausreichend. Zum einen dann, wenn die Verteilung der Pixelwerte in den Klassen massiv der Normalverteilungsannahme widerspricht. Liegt keine Normalverteilung vor, liefert ein parametrisches Verfahren wie die Maximum-Likelihood-Methode, welche eine Klasse lediglich durch ihren Mittelwert und ihre Varianz-/Kovarianzmatrix beschreibt, fehlerbehaftete Ergebnisse. Des weiteren ist die bloße Beschränkung auf spektrale Merkmale in den Fällen unzureichend, in denen die Streuung der Pixelwerte einer Klasse im Merkmalsraum so groß wird, daß sich benachbarte Klassen überlappen (vgl. Abb. 3). In diesem Fall ist eine eindeutige Separierung der Klassen nicht möglich.

Die Schwankungen der Pixelwerte einer Klasse um den Klassenmittelpunkt - der quasi einen „idealen“ Klassenrepräsentanten darstellt - lassen sich in klassenunabhängige und klassenabhängige Variationen einteilen (KARTIKEYAN u. a. 1994).

Klassenunabhängige Variationen und damit verbundene Fehlklassifikationen resultieren aus externen, von den physikalischen Eigenschaften der betreffenden Landbedeckungsklasse unabhängigen Einflüssen. Hierzu gehören u. a. Veränderungen in der Aufnahmecharakteristik des Sensors. So kann beispielsweise die Empfindlichkeit der einzelnen Detektoren Schwankungen unterliegen, was zu einer fehlerbehafteten Aufzeichnung von Strahlungswerten führt. Auch ein unterschiedlicher Zustand der Atmosphäre zum Aufnahmezeitpunkt sowie Wolken bzw. deren Schattenwurf können Ursachen für Fehlklassifikationen einzelner Pixel sein. Und nicht zuletzt ist nicht auszuschließen, daß die Fläche, die von einem Pixel überdeckt wird, sich aus mehr als nur einem Landbedeckungstyp zusammensetzt (KARTIKEYAN u. a. 1994). In diesem Fall stellen die vom Sensor aufgezeichneten Daten lediglich integrale Werte über die verschiedenen spektralen Reflexionswerte der einzelnen Klassen dar. Solche Pixelinhomogenitäten oder Mischpixel treten gerade bei Satellitenbildern mit einer niedrigen räumlichen Auflösung häufig auf (für eine detaillierte Diskussion des Problems der Pixelinhomogenitäten vgl. FOODY 1994 und FOODY & COX 1994).

Konventionelle Techniken sind nicht in der Lage, solche externen Einwirkungen, wie sie Pixelinhomogenitäten, atmosphärische Interferenzen und sensorbedingte Störungen darstellen, als potentielle Quellen für Fehlklassifikationen zu eliminieren. Sollen sie beseitigt werden, ist es notwendig, neben dem Wert eines Pixels auch gleichzeitig Pixelwerte aus seinem Umfeld zu betrachten und gegebenenfalls abzugleichen.

Neben den klassenunabhängigen Störungen unterliegt das Ergebnis einer Klassifikation auch Einflüssen, die ihren Ursprung in den Objektklassen selber haben. Denn sind etwa schon die für eine bestimmte Klasse ausgewählten Trainingsflächen sehr inhomogen bezüglich ihrer Reflexionswerte, so kann es nicht überraschen, daß die anschließende Klassifikation keine befriedigenden Resultate liefert.

Insbesondere bei hochauflösenden Datensätzen setzen sich auch flächenmäßig kleine, als Einheit zu betrachtende Objekte wie etwa das Grundstück eines Einfamilienhauses oder sogar das Dach des Hauses häufig aus mehreren Pixeln zusammen. Solange diese Pixel gleiche oder ähnliche Werte aufweisen, stellt die fehlende Berücksichtigung der räumlichen Beziehungen der einzelnen Pixel noch kein Problem dar. Kritisch für die

Klassifikationsgenauigkeit wird eine Vernachlässigung des räumlichen Kontexts jedoch in den Fällen, in denen ein Objekt als Einheit behandelt werden soll, es jedoch stark inhomogen bezüglich seiner Pixelwerte ist. Dieser Fall tritt beispielsweise dann ein, wenn eine ansonsten homogene Fläche durch atmosphärische Störungen (z. B. Schattenwurf) oder sensorbedingte Fehlfunktionen beeinflußt wird. Auch können verschiedene Pixel eine unterschiedliche Landbedeckung aufweisen - z. B. Grünfläche, Dach, Straße - und dennoch der gleichen Landnutzungskategorie - z. B. Stadt - angehören. Dieser Problematik wird sich nun zugewandt.

2.3.2 Landbedeckung versus Landnutzung

Inhomogenitäten in den Trainingsflächen treten sehr häufig dann auf, wenn es sich bei den zu differenzierenden Objektklassen nicht um Landbedeckungstypen, sondern um verschiedene Landnutzungsarten handelt. Während man in der angelsächsischen Literatur meist sehr deutlich zwischen „land cover“ und „land use“ unterscheidet, wird im deutschen Sprachgebrauch eine derartig strikte Trennung zwischen den analogen Bezeichnungen „Landbedeckung“ und „Landnutzung“ nicht immer eingehalten. Und daß, obwohl beide Begriffe eine grundsätzlich verschiedene Bedeutung haben.

Im Gegensatz zur Landbedeckung ist Landnutzung ein kulturelles Konzept. Während Landbedeckung mit den physikalischen Eigenschaften der betrachteten Fläche zusammenhängt, „the term land use relates to man’s activities or economic functions associated with a specific piece of land“ (LILLESAND & KIEFER 1994, S. 170). Was wir auf Luft- und Satellitenbildern normalerweise sehen, ist die physikalische Ausprägung der Landnutzung, wie sie sich als Kombination von verschiedenen Landbedeckungstypen präsentiert (DRISCOLL 1985 zit. in GONG & HOWARTH 1992a).

Als Beispiel für die unterschiedliche Bedeutung von Landbedeckung und Landnutzung sei ein am Stadtrand gelegenes Einfamilienhaus mit Garten und Swimmingpool betrachtet. Je nach kartierter Genauigkeit kann dieses Grundstück als urbane Fläche, als bewohntes Gebiet oder eben als Einfamilienhaus angesprochen werden. Die Landbedeckung desselben Gebietes besteht dagegen aus den Klassen Dach, Grünfläche, Wasserfläche und Parkplatz.

Fertigt man eine hochauflösende Karte der Landbedeckung dieses Gebiets an, so wird sie einen ausgeprägten „Salz-und-Pfeffer-Effekt“ aufweisen. Ein derartiger Effekt tritt dann auf, wenn die den verschiedenen Klassen zugeordneten Flächen nur aus wenigen Pixeln bestehen und räumlich stark streuen. Zwar können einzelne isolierte Pixel aus ansonsten homogenen Flächen mittels geeigneter Filteroperationen - z. B. durch einen

Modal-Filter - nachträglich eliminiert werden. Das eigentliche Ziel gerade bei hochaufgelösten Bilddaten, nämlich die Erstellung einer Landnutzungskarte, läßt sich durch konventionelle Vorgehensweisen aber nicht erreichen. Denn diese beziehen lediglich rein pixelbezogene, meist nur multispektrale Informationen in den Klassifikationsprozeß ein. Eine derartige Strategie berücksichtigt jedoch nicht die möglichen Relationen oder Ähnlichkeiten, die zwischen einem Pixel und seinen Nachbarn existieren können (GONZÁLES & LOPEZ SORIA 1991). Ein großer Teil der räumlichen Informationen wird somit ignoriert.

Für die Erzeugung von Landnutzungskarten ist es aber von wesentlicher Bedeutung, auch die räumlichen Variationen der Pixelwerte einzubeziehen. Wie später noch gezeigt wird, können gerade in städtischen Teilräumen mitunter sogar die gleichen Landbedekkungkategorien unterschiedliche Landnutzungsarten induzieren, je nachdem, wie die einzelnen Landbedeckungen räumlich zueinander angeordnet sind. Eine akkurate Landnutzungskarte läßt sich also nicht aus einer bloßen direkten Übertragung der Fernerkundungsdaten in Landnutzungskategorien gewinnen. Sie benötigt sowohl spektrale als auch räumliche Informationen, um Landnutzung adäquat zu charakterisieren (GONG & HOWARTH 1992a).

Statistische Klassifikatoren wie die Maximum-Likelihood-Methode sind zur Berücksichtigung von räumlichen Beziehungen nur dann in der Lage, wenn diese Beziehungen vor der eigentlichen Klassifikation in Form von zusätzlichen Merkmalen zugänglich gemacht wurden. Neben den ursprünglichen spektralen Kanälen wird der Merkmalsraum dann auch aus diesen neuen Merkmalen erzeugt. Da sich aber eine Vielzahl von raumbezogenen Merkmalen ableiten lassen, kann der Merkmalsraum schnell eine Dimension annehmen, die aus rechentechnischen Gründen nicht mehr handhabbar ist.

Zusammenfassend kann man also sagen, daß klassische statistische Verfahren wie die Maximum-Likelihood-Methode in vielen Fällen ansprechende Resultate bei der Klassifikation der Landbedeckung liefern, insbesondere dann, wenn die Klassen homogen und annähernd normalverteilt sind. Da Merkmalswerte jedoch bei dieser Methode nur pixelweise einbezogen werden, ist eine genaue Klassifikation der Pixel aufgrund lediglich spektraler Informationen dann schwierig, wenn diese Informationen allein nicht klassendifferenzierend wirken.

3 KONTEXTBEZOGENE KLASSIFKATIONSVERFAHREN

3.1 Herkömmliche Verfahren zur kontextbezogenen Auswertung von Fernerkundungsdaten

Im Laufe der Zeit wurden verschiedene kontextbezogene Auswerteverfahren entwickelt, die neben spektralen Merkmalen auch Informationen über den räumlichen Zusammenhang berücksichtigen. Sie lassen sich grob in sechs Kategorien einteilen (vgl. auch KITTLER & FÖGLEIN 1984; GONG & HOWARTH 1992b; KARTIKEYAN u. a. 1994): Nachbearbeitungsverfahren, Stacked-Vector-Ansätze, regionenorientierte Verfahren, Compound-Decision-Methoden, Relaxations-Methoden und häufigkeitsbasierte Verfahren. Diese Verfahren werden im folgenden vorgestellt. Auch die in Kapitel 3.2 vorgestellten neuronalen Klassifikatoren ließen sich unter kontextbezogene Auswerteverfahren einordnen. Da sie aber eine eigenständige Rolle spielen, werden sie getrennt behandelt.

3.1.1 Nachbearbeitungsverfahren

Diese erste Kategorie von kontextbezogenen Verfahren basiert auf einer Nach- bzw. Weiterverarbeitung des aus einer pixelbezogenen spektralen Vorklassifikation entstandenen Ergebnisses. Hierzu werden im allgemeinen Filteroperationen oder syntaktische Regeln auf das bereits pixelbezogen vorklassifizierte Bild angewendet[1]. Im einfachsten Fall - und sehr häufig benutzt - kommt ein Majoritäts- oder Modal-Filter zum Einsatz, der jedes Pixel jener Klasse zuordnet, die in einer Umgebung um dieses Pixel herum am häufigsten auftritt. Diese Umgebung kann sich über normale quadratische Fenster, aber auch aus irregulären, in einem Geo-Informationssystem vorher abgelegten Objektgrenzen definieren (vgl. JANSSEN, JAARSMA & VAN DER LINDEN 1990). Mittels derartiger Filterungen lassen sich kleine Störungen oder Inseln - z. B. durch Schattenwurf abgedunkelte Flächen - in einer ansonsten homogenen Landbedeckung gut eliminieren. JANSSEN, JAARSMA & VAN DER LINDEN erzielen so eine Verbesserung in der durchschnittlichen Klassifikationsgenauigkeit ihres nachträglich objektbezogen gefilterten Bildes gegenüber dem nicht nachbearbeiteten Bild von ca. 10 %.

Einen anderen, ebenfalls erfolgreichen Weg der Nachklassifikation beschreiten FUNG & CHAN (1994). Ihre Methode beruht auf Entscheidungsregeln, welche die einzelnen Pixel nach einer unüberwachten spektralen Vorklassifikation bestimmten Landbedeckungs-/Landnutzungskategorien zuordnen. Zu diesem Zweck ermitteln FUNG & CHAN

[1] Auch Auszählungen von Pixelwerten kommen hierfür in Frage. Verfahren, die mit diesem Vorgehen zusammenhängen, werden getrennt in Kapitel 3.1.6 erläutert.

die Anteile der einzelnen Landbedeckungsklassen in einem 7 x 7 Pixel umfassenden Fenster um ein zu klassifizierendes Pixel herum. Je nachdem, wie die einzelnen Anteile in dem betrachteten Fenster aussehen, ordnen dann die aufgestellten Regeln das zu klassifizierende Pixel der entsprechenden Landbedeckungs-/Landnutzungskategorie zu. Heißt eine Regel etwa „WENN (Anteil von 'Wasser' < 20 %) UND (Anteil von 'Grünfläche' > 30 %) UND (Anteil von 'Dach' < 30 %) DANN 'Wohngebiet der Oberschicht'", so wird ein Pixel, in dessen 7 x 7-Umgebung diese Bedingungen erfüllt sind, der Kategorie „Wohngebiet der Oberschicht" zugeordnet.

Ähnlich wie FUNG & CHAN geht auch JOHNSSON (1994) vor. Sie versucht, mit Hilfe eines Expertensystems Flächen der Landnutzungskategorie „Bebautes Gebiet" zu identifizieren. Hierfür werden die nach einer spektralen Maximum-Likelihood-Klassifikation entstandenen Flächensegmente mit ihrer jeweiligen Landbedeckung einer weiteren Analyse bezüglich ihrer Flächengröße (in Pixeln) und Nachbarschaft unterzogen. Weist ein Segment eine bestimmte Landbedeckung auf und unterschreitet es eine bestimmte Größe bzw. liegt es neben einem Segment mit der Landbedeckung „Urban", so erfolgt eine Zuordnung des Segments in die Landnutzungsklasse „Bebautes Gebiet".

JEON & LANDGREBE (1992) nennen als Nachteil solcher postklassifikativer Ansätze, daß sie im allgemeinen die Informationen wiedergewinnen wollen, die vorher bei der pixelweisen Klassifikation verlorengegangen sind. Dieser Kritik ist sicherlich zuzustimmen, solange es um die nachträgliche Behebung von bei der Klassifikation entstandenen unerwünschten Effekten geht. Für die Komposition von Landnutzungsklassen aus Landbedeckungstypen jedoch bietet gerade die regelbasierte Nachbereitung von vorklassifizierten Bildern eine interessante Möglichkeit. Dennoch weist auch dieser Ansatz gewisse Probleme auf. So müssen sowohl die Landbedeckungs- als auch die Landnutzungskategorien vorab bekannt sein, um die Regelmengen festlegen zu können. Zudem kann sich die Ableitung und Formalisierung der Regeln als schwierig und zeitaufwendig erweisen.

3.1.2 Stacked-Vector-Verfahren

Diese Kategorie von Verfahren stellt streng genommen keine eigenständige Methode dar, sondern basiert auf den bereits bekannten statistischen Klassifikatoren. Allerdings werden zur Klassifikation zusätzlich zu den spektralen Kanälen einer Szene auch raumbezogene Merkmale einbezogen, die aus den spektralen Informationen abgeleitet wurden (vgl. z. B. JENSEN 1979; DUTRA & MASCARENHAS 1984; BARALDI & PARMIGGIANI 1990; FRANKLIN & PEDDLE 1990; GONG & HOWARTH 1990; MARCEAU u. a. 1990; ARAI 1993).

Hierzu wird auf jedes zu klassifizierende Pixel ein - aus rechentechnischen Gründen meist quadratisches - Gitter oder Fenster mit vorher festgelegter Größe plaziert, wobei das zu klassifizierende Pixel in der Mitte liegt. Aus den spektralen Pixelwerten der so definierten Umgebung und dem Wert des jeweiligen zentralen Pixels lassen sich dann eine Vielzahl von raumbezogenen Merkmalen berechnen (vgl. Kap. 2.1.1 sowie HSU 1978; HARALICK 1979).

Die Ausprägungen dieser abgeleiteten Merkmale werden jeweils dem zentralen Pixel zugeordnet. Auf diese Weise entstehen neben den spektralen Kanälen zusätzliche „künstliche" Kanäle. Zusammen mit den ursprünglichen spektralen Kanälen bilden sie die Basis für eine anschließende statistische Klassifikation.

Häufig wird an konventionellen pixelbasierten Klassifikationsmethoden kritisch angemerkt, daß sie nicht die Umgebung eines Pixels berücksichtigen. Dies trifft jedoch nur dann zu, wenn neben der pixelspezifischen Betrachtungsweise allein spektrale Informationen in die Analyse eingehen. Leitet man aus den spektralen Kanälen raumbezogene Merkmale ab und ordnet jedem Pixel je eine Ausprägung bezüglich dieser Merkmale zu, so lassen sich auch mit herkömmlichen Entscheidungsregeln kontextbezogene Klassifikationen durchführen.

Dennoch weist dieser Ansatz zur kontextbasierten Klassifikation verschiedene Nachteile auf. Zum einen können die raumbezogenen Merkmale oft nur aus einem, nicht jedoch aus mehreren spektralen Kanälen gleichzeitig abgeleitet werden. Zum anderen kann die Berechnung dieser Merkmale häufig sehr rechenintensiv sein. Und schließlich ist es nicht einfach, aus der Vielzahl von möglichen raumbezogenen Merkmalen diejenigen herauszufinden, die für eine Objektdifferenzierung besonders geeignet sind (GONG & HOWARTH 1992b).

3.1.3 Regionenorientierte Verfahren

Derartige Verfahren umfassen Vorgehensweisen, welche die Pixel eines Bildes gemäß ihrer spektralen Ähnlichkeit zunächst in einzelne homogene Teilbilder oder Regionen segmentieren. Diese Regionen werden anschließend als Ganzes durch Vergleich mit den klassenspezifischen spektralen Signaturen klassifiziert. Beispiele für einen derartigen Ansatz sind die ECHO-Technik von KETTIG & LANDGREBE (1976; vgl. auch LANDGREBE 1980), der CASCADE-Algorithmus von MERICKEL, LANDGREBE & SHEN (1984) und ein agglomeratives Clusterverfahren von AMADAMN & KING (1988).

Regionenorientierte Verfahren eignen sich zwar für die Berücksichtigung von Pixelinhomogenitäten, können aber atmosphärische und sensorische Störungen nicht ausgleichen (KARTIKEYAN u. a. 1994). Ein weiteres Problem dieser Ansätze besteht darin, daß ihr Klassifikationsergebnis stark abhängig ist vom Erfolg der Gruppenbildung, was mitunter genauso schwierig sein kann, wie der eigentliche Klassifikationsprozeß (JEON & LANDGREBE 1992).

3.1.4 Compound-Decision-Methoden

Einen anderen Typ von kontextbezogenen Klassifikationsverfahren stellen Compound-Decision-Methoden dar. Compound-Decision-Methoden repräsentieren eine große Gruppe von nachbarschaftsbasierten Klassifikatoren. Diese versuchen, ein Pixel nicht nur aufgrund seines eigenen Wertes zu klassifizieren, sondern integrieren mittels einer stochastischen Modellierung auch die Werte seiner Nachbarn in den Entscheidungsprozeß.

Man unterscheidet dabei häufig zwei Arten von Nachbarschaft. Bei der 4er-Nachbarschaft werden lediglich diejenigen Pixel als benachbart aufgefaßt, die mit dem zentralen Pixel eine Kante gemeinsam haben. Die 8er-Nachbarschaft schließt dagegen alle Pixel ein, die mit dem zentralen Pixel entweder eine Kante oder eine Ecke teilen (JÄHNE 1993, S. 38 f.). KARTIKEYAN u. a. (1994) plädieren bei niedrigauflösenden Bildern für die Verwendung einer 4er- oder einer 8er-Nachbarschaft, bei hochauflösenden Bildern dagegen für die ausschließliche Berücksichtigung der 4er-Nachbarschaft. SWAIN, VARDEMAN & TILTON (1981) dagegen betrachten eine erweiterte Nachbarschaft, die auch entfernte Pixel berücksichtigt. Auch in dieser Arbeit wird der Begriff Nachbarschaft in diesem erweiterten Sinn gebraucht. Sollen nur die angrenzenden Pixel oder Flächen betrachtet werden, so wird dies explizit zum Ausdruck gebracht.

Grundlage von Compound-Decision-Methoden bildet eine Arbeit von WELCH & SALTER (1971), deren einfaches Modell auf der Annahme basiert, daß keine Abhängigkeit zwischen einem Pixel und seinen Nachbarn im Merkmalsraum besteht. Ausgehend von dieser Arbeit sowie der von TOUSSAINT (1978), wurden in der Folgezeit eine Reihe von z. T. recht komplizierten stochastischen Modellen - etwa auf der Basis von Markov-Zufallsfeldern - vorgeschlagen, um die Nachbarschaft eines Pixels bei dessen Zuordnung zu berücksichtigen (z. B. LANDGREBE 1980; FU & YU 1980; SWAIN, VARDEMAN & TILTON 1981; TILTON, VARDEMAN & SWAIN 1982; OWEN 1984; HASLETT 1985; HARALICK & JOO 1986; KALEYEH & LANDGREBE 1987; MOHN, HJORT & STORVIK 1987; KHAZENIE &

CRAWFORD 1990; VEIJANEN 1993; JHUNG & SWAIN 1994; KARTIKEYAN u. a. 1994; CUBERO-CASTAN, PONS & ZERUBIA 1995).

Erste Tests mit simulierten Daten und Ausschnitten von Landsat MSS-Bildern lieferten für homogene Agrar- und Waldflächen auch zufriedenstellende Ergebnisse. Gleichwohl sind die zu erzielenden Genauigkeitsgewinne gegenüber konventionellen, rein bildpunktbezogenen Klassifikatoren nicht immer überwältigend. So erzielen beispielsweise JHUNG & SWAIN (1994) mit ihrem modernen, auf robusten M-Schätzern basierenden Bayes-Kontextklassifikator gegenüber einem herkömmlichen Klassifikator lediglich einen Gewinn in der durchschnittlichen Genauigkeit von knapp 3 %. Zudem wurden nur wenige Untersuchungen über den Einsatz derartiger Verfahren bei hochauflösenden Datensätzen sowie in Gebieten mit einer höheren räumlichen Variabilität der Landbedeckungsklassen durchgeführt. Gerade für hochauflösende Klassifikationen von urbanen Räumen mit ihrer sehr inhomogenen Landbedeckungsstruktur stellen aber GONG & HOWARTH (1992b) den praktischen Nutzen von Compound-Decision-Methoden in Frage, zumal diese Verfahren häufig auf unrealistischen Annahmen beruhen.

In der Tat unterstellen beispielsweise SWAIN, VARDEMAN & TILTON (1981), HASLETT (1985) und HARALICK & JOO (1986) das Fehlen jeglicher räumlicher Korrelationen zwischen benachbarten Pixeln. Für niedrigauflösende Bilder mag die Annahme, daß die spektralen Informationen der umgebenden Pixel nicht mit denen des zentralen Pixels korrelieren, gerechtfertigt sein. In Bildern mit einer hohen Auflösung wird man dagegen eher erwarten, daß die Zugehörigkeit eines Pixel zu einer Klasse abhängig ist von den Klassenzugehörigkeiten seiner Nachbarn. Wenn auch Ansätze zur Berücksichtigung dieser Abhängigkeiten existieren - z. B. KALEYEH & LANDGREBE (1987) mit einem linearen Abhängigkeitsmodell sowie KHAZENIE & CRAWFORD (1990) und KARTIKEYAN u. a. (1994) mit allgemeineren Modellen -, so bleibt doch festzuhalten, daß es äußerst schwierig ist, mit einem mathematischen Modell das mitunter sehr komplexe räumliche Beziehungsgefüge verschiedener Landbedeckungsklassen zueinander adäquat zu beschreiben.

3.1.5 Relaxations-Methoden

Einen weiteren Ansatz zur kontextbasierten Klassifikation bilden Relaxations-Techniken (z. B. EKLUNDH, YAMAMOTO & ROSENFELD 1980; PELEG 1980; FAUGERAS & BERTHOD 1981; RICHARDS, LANDGREBE & SWAIN 1981; DI ZENZO u. a. 1987; DI ZENZO u. a. 1987; IYENGAR & DENG 1995). Im Gegensatz zum Compound-Decision-Typ zeichnen sich Relaxations-Methoden durch ein empirisches Vorgehen aus. Hier wird die Zugehörigkeit eines Pixels zu einer Klasse bzw. die

Wahrscheinlichkeit für diese Zugehörigkeit iterativ unter Berücksichtigung der wahrscheinlichen Klassenzugehörigkeiten der Nachbarpixel modifiziert. Mit wachsender Anzahl von Iterationen fließen Klassenzugehörigkeiten einer zunehmenden Zahl von Nachbarn ein. Somit werden mit fortschreitendem Iterationsprozeß immer mehr Kontextinformationen in die Klassifikation eines bestimmten Pixels einbezogen.

Die Relaxations-Methode umfaßt vier verschiedene Schemata: ein diskretes Modell, ein Fuzzy-Modell, ein lineares probabilistisches Modell und ein nicht-lineares probabilistisches Modell (ROSENFELD, HUMMEL & ZUCKER 1976). Unter diesen Modellen wurde insbesondere das nicht-lineare probabilistische Modell - auch bekannt als probabilistische Relaxations-Methode - umfassenden Verbesserungen bezüglich Klassifikationsgenauigkeit und Rechenzeit unterzogen (z. B. RICHARDS, LANDGREBE & SWAIN 1982; HARALICK 1983; KALAYEH & LANDGREBE 1984; GONG & HOWARTH 1989a und 1989b; DUNCAN & FREI 1989; KITTLER & HANCOCK 1989).

Dennoch bleiben Relaxations-Methoden rechentechnisch aufwendig, da Pixel häufig lediglich paarweise verglichen werden. Eine derartige Vorgehensweise stellt zudem einen konzeptionellen Nachteil gegenüber Compound-Decision-Methoden dar, die gleichzeitig mehr als nur einen Nachbarn berücksichtigen können (KARTIKYAN u. a. 1994). Darüber hinaus zeigten GONG & HOWARTH (1989a, 1989b), daß Relaxations-Techniken wenig geeignet sind, um urbane Landbedeckung und -nutzung zu klassifizieren.

Aufgrund der Schwierigkeiten mit den obigen Verfahren stellten GONG & HOWARTH (1992b) einen neuen Ansatz zur kontextbezogenen Klassifikation der Landnutzung vor. Er gehört zur Klasse der häufigkeitsbasierten Klassifikationsverfahren, welche letztlich auch auf einem statistischen Klassifikator basieren. Aufgrund ihrer individuellen Kontextbehandlung gewinnen häufigkeitsbasierte Methoden aber eine eigenständige Bedeutung.

3.1.6 Häufigkeitsbasierte Methoden

Das Verfahren von GONG & HOWARTH (1992b) beruht auf einer simplen Auszählung von Pixelwerten in einer bestimmten Umgebung um ein zu klassifizierendes Pixel herum. Analog zu Filteroperationen bzw. der Generierung von raumbezogenen Merkmalen (vgl. Kap. 2.1.1) wird das zu klassifizierende Bild - mit Ausnahme der Randbereiche - Pixel für Pixel mit einem quadratischen Fenster vorgegebener Größe abgetastet. Jedem jeweils zentralen Pixel läßt sich dann ein Wert zuordnen, welcher angibt, wie häufig ein Pixel mit dem Grauwert *v* (bei einkanaligen Szenen) bzw. mit dem Grauwertvektor **v** (bei multispektralen Bildern) in dem entsprechenden Fenster auftritt. Da in der Regel natürlich mehr als nur ein Grauwert *v* bzw. ein Grauwertvektor **v** in einem Bild existiert, entsteht für jedes zentrale Pixel nicht ein einziger Häufigkeitswert, sondern eine Häufigkeitstabelle. Sie gibt die Anzahl des Auftretens für alle im Bild vorkommenden Grauwerte *v* bzw. Grauwertvektoren **v** im jeweiligen Fensterausschnitt an.

Anders als bei Stacked-Vector-Verfahren, welche aus der Nachbarschaft eines Pixels raumbezogene Merkmale ableiten (vgl. Kap. 3.1.2), verzichten GONG & HOWARTH auf die Berechnung derartiger Größen. Statt dessen geht die gesamte Häufigkeitstabelle in den weiteren Klassifikationsprozeß ein. Letztlich werden zu einem gegebenen Pixel für jede Landnutzungsklasse und alle vorkommenden Vektoren **v** die Differenzen zwischen den Häufigkeiten von **v** im entsprechenden Pixelfenster und den mittleren Häufigkeiten von **v** in den jeweiligen Trainingsflächen berechnet. Das Pixel wird anschließend jener Landnutzungsklasse zugeordnet, zu der die Summe aus den Beträgen dieser Differenzen minimal ist.

Alternativ können anstelle von Grauwerten bzw. Grauwertvektoren auch Landbedekkungstypen betrachtet werden. Dieses Vorgehen setzt voraus, daß zunächst eine pixelbezogene Vorklassifikation des Bildes durchgeführt wird, um die jeweilige Landbedekkung der Pixel zu ermitteln. ZHANG u. a. (1988) sowie WHARTON (1982, 1983) benutzen zu diesem Zweck unüberwachte Clusterverfahren, während GONG & HOWARTH (1992a) die Maximum-Likelihood-Methode wählen, um den Benutzereinfluß auf das Ergebnis der Landbedeckungsklassifikation zu erhöhen. Anschließend werden nicht die Häufigkeiten von Grauwerten bzw. Grauwertvektoren im jeweiligen Fenster bestimmt, sondern die Anzahlen des Auftretens der Landbedeckungsklassen. Diese lassen sich dann mit dem im letzten Absatz erläuterten Vorgehen weiterverarbeiten (vgl. GONG & HOWARTH 1992a).

Häufigkeitsbasierte Ansätze erbrachten recht vielversprechende Ergebnisse, insbesondere bei der oft schwierigen Klassifizierung von ländlich-urbanen Übergangsräumen mit ihrer Vielzahl von Landnutzungsmustern. Allerdings setzen sie voraus, daß sich verschiedene Landnutzungsklassen anhand variierender Proportionen der sie konstituierenden Pixelwerte bzw. Landbedeckungstypen unterscheiden lassen. Genau dies muß aber nicht immer der Fall sein. Zwar kann man im allgemeinen davon ausgehen, daß Gebiete mit einer Einfamilienhausbebauung einen höheren Grünflächenanteil sowie einen niedrigeren Anteil an versiegelten Flächen und Dachflächen aufweisen als Industriegebiete, doch die Abbildungen 13 und 14 liefern ein Gegenbeispiel. In Abbildung 13 sei ein stark schematisiertes Einkaufszentrum mit angrenzender Straße und Zufahrt zu einem großen Parkplatz sowie umgebenden Grünanlagen dargestellt. Abbildung 14 zeigt dagegen ein von drei Straßen begrenztes Wohngebiet mit vier Mehrfamilienhäusern, Anwohnerparkplätzen und Grünflächen.

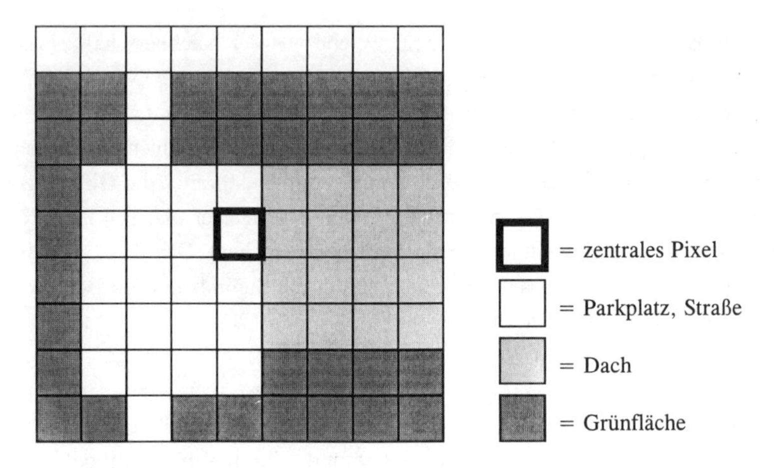

Abb. 13: Schematisiertes Einkaufszentrum

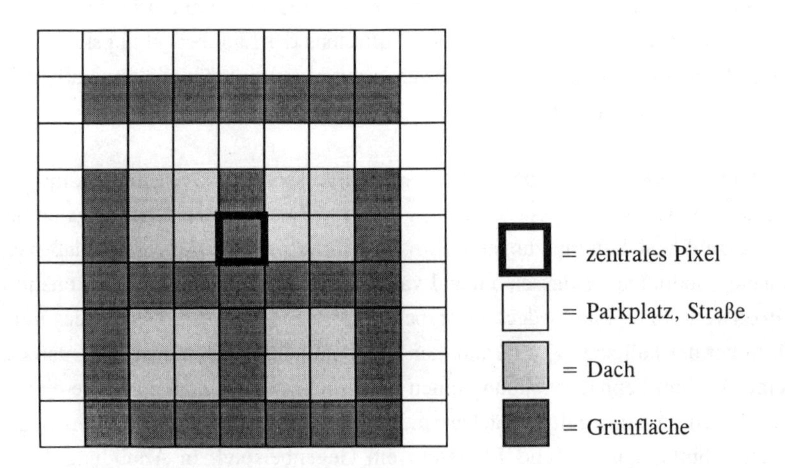

Abb. 14: Schematisiertes Wohngebiet

In beiden Fällen ergibt sich für das jeweilige zentrale Pixel die gleiche zugehörige Häufigkeitstabelle mit 32 Pixeln der Klasse „Parkplatz, Straße", 16 Pixeln der Klasse „Dach" und 33 „Grünflächen"-Pixeln. Ein Verfahren, welches nur auf einer Auszählung der Pixelwerte in einer Nachbarschaft von 9 x 9-Pixeln beruht, würde die beiden zentralen Pixel fälschlicherweise derselben Landnutzungskategorie zuordnen.

3.2 Neuronale Klassifikatoren

Neuronale Klassifikatoren basieren auf dem Konzept der künstlichen neuronalen Netze, welches gerade in den letzten zehn Jahren in einer Vielzahl von Anwendungen Verbreitung gefunden hat (vgl. etwa die Beispiele in ZELL 1994, S. 493 ff.).

Künstliche neuronale Netze sind informationsverarbeitende Systeme, die eine abstrakte Simulation eines realen Nervensystems darstellen (KUNG 1993, S. 1). Wenn auch gegenüber biologischen neuronalen Systemen die Simulation der Neuronen (Zellen) in künstlichen neuronalen Netzen sehr stark idealisiert ist, so lassen sich doch gewisse Ähnlichkeiten zum biologischen Vorbild erkennen. So bestehen künstliche neuronale Netze aus einer Vielzahl von einfachen Prozessorelementen, die mittels gerichteter gewichteter Verbindungsstränge miteinander verknüpft sind und sich über diese Verbindungen Informationen in Form der Aktivierung der Zellen zusenden (ZELL 1994, S. 23). Die Stärke der Verbindungen bzw. die Gewichte dieser Verbindungen repräsentieren das Wissen im System, welches über die Interaktion zwischen den einzelnen Neuronen verarbeitet wird (KULKARNI 1994, S. 4). Wie diese Wissensspeicherung und -verarbeitung in einem neuronalen Netz erfolgt, wird durch seine Verbindungsstruktur, die Verbindungsgewichte sowie die Arbeitsweise der einzelnen Prozessorelemente bestimmt (HARA u. a. 1994). Im folgenden werden die Komponenten eines neuronalen Netzes vorgestellt (für ausführliche Darstellungen vgl. z. B. WASSERMAN 1989; ROJAS 1993; HAYKIN 1994; ZELL 1994).

3.2.1 Komponenten von neuronalen Netzen

Mit den künstlichen Neuronen - im folgenden kurz Neuronen - versucht man, die Eigenschaften von biologischen Neuronen nachzuahmen. In Anlehnung an das biologische Vorbild werden Zellkörper, Dendriten, Axone und Synapsen stark vereinfacht nachgebildet (ZELL 1994, S. 71; Abb. 15 u. 16).

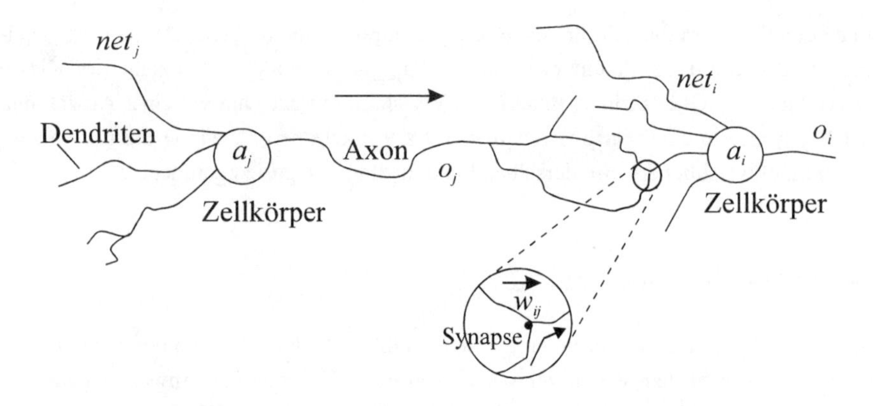

Abb. 15: Zellen eines künstlichen neuronalen Netzes als stark idealisierte Neuronen
Quelle: ZELL 1994, S. 71; verändert

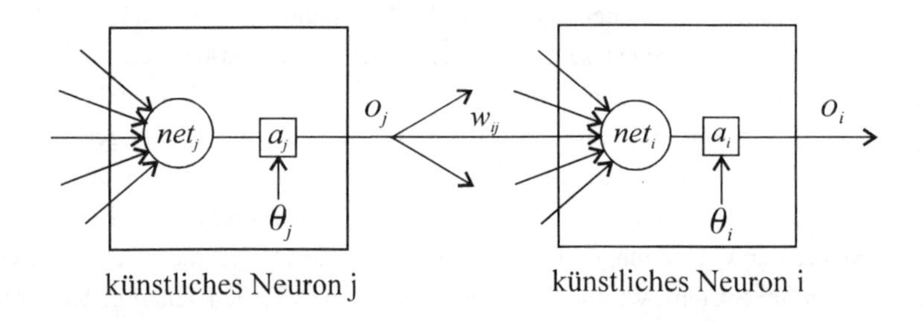

Abb. 16: Schematisierte Darstellung von künstlichen Neuronen
Quelle: HAYKIN 1994, S. 8; ZELL 1994, S. 72; verändert

Jedes Neuron oder Prozessorelement PE_i erhält eine Menge von Eingabesignalen $o_j(t)$, $j = 1, 2, ..., n$, welche jeweils die Ausgabe eines anderen von n Neuronen zum Zeitpunkt t repräsentieren.

Die Eingabesignale werden mit einem zugehörigen Gewicht w_{ij} multipliziert. Dieses bezeichnet - analog der Stärke der entsprechenden Synapse - das Gewicht der Verbindung von PE_j (Sender) nach PE_i (Empfänger) zum Zeitpunkt t[2].

[2] Man beachte die Reihenfolge der Indizes, da in der Literatur zwei gegensätzliche Konventionen der Schreibweise existieren. Häufig wird mit w_{ij} auch das Gewicht der Verbindung von PE_i nach PE_j bezeichnet.

Anschließend erfolgt - in grober Nachahmung der Dendriten - in der überwiegenden Zahl von Netzmodellen die Summierung der gewichteten Eingabesignale mittels der folgenden Eingabefunktion net_i:

$$net_i(t) = \sum_{j=1}^{n} w_{ij} o_j(t),$$

wobei n die Anzahl der Eingaben für PE_i ist. Die Eingabe oder Propagierung net_i gibt also an, wie sich die Netzeingabe eines Neurons PE_i aus den Ausgaben der anderen n Neuronen PE_1, PE_2, ..., PE_n und den Verbindungsgewichten berechnet.

Faßt man die Gewichte w_{ij} und die Eingangswerte $o_j(t)$ als Komponenten von n-dimensionalen Vektoren auf, also

$$\mathbf{w}_i = (w_{i1}, w_{i2}, ..., w_{in})$$

und

$$\mathbf{o}(t) = (o_1(t), o_2(t), ..., o_n(t)),$$

dann ist die Eingabe

$$net_i(t) = \mathbf{w}_i \mathbf{o}(t)$$

das Skalarprodukt zwischen Eingabe- und Gewichtsvektor.

Eine weitere mögliche Eingabefunktion ist die Hamming-Distanz, welche etwa beim später noch vorgestellten ATL-Netztyp (vgl. Kap. 4.3) Verwendung findet. Die Hamming-Distanz berechnet einen Abstand zwischen Eingabe- und Gewichtsvektor wie folgt:

$$net_i(t) = \sum_{j=1}^{n} \left| w_{ij} o_j(t) \right|.$$

Liegt der Eingabewert vor, wird anschließend auf ihn eine Aktivierungs- oder Transferfunktion F angewendet, welche den Grad der Aktivierung $a_i(t)$ des i-ten Neurons PE_i bestimmt. Die Aktivierung $a_i(t)$ repräsentiert als reelle Zahl das Membranpotential, welches sich in biologischen Systemen zu jedem Zeitpunkt bei einer Nervenzelle einstellt (HOFFMANN 1993, S. 15). Die Funktion F bestimmt für jedes Neuron PE_i den neuen Aktivierungszustand $a_i(t+1)$ aus der alten Aktivierung $a_i(t)$ und der Netzeingabe $net_i(t)$:

$$a_i(t+1) = F\left(a_i(t), net_i(t), \theta_i\right),$$

wobei θ_i der Schwellenwert[3] des i-ten Neurons ist. Mit ihm läßt sich steuern, daß ein Neuron nicht bei jeder Eingabe aktiv wird, sondern hierzu erst ein bestimmter Grad der Aktivierung überschritten werden muß. Im biologischen Äquivalent entspricht dem Schwellenwert eine Reizschwelle, die erreicht werden muß, ehe das Neuron feuert.

Die einfachste Aktivierungsfunktion ist die den Verhältnissen bei einer Nervenzelle angepaßte binäre Schwellenwertfunktion

$$a_i(t+1) = 1 \text{ falls } net_i(t) \geq \theta_i$$
$$= 0 \text{ sonst,}$$

wie sie etwa beim Perzeptron eingesetzt wird, einer Klasse von schon früh untersuchten neuronalen Netzen (ROSENBLATT 1958). Die Zelle feuert, wenn ihr Membranpotential die Schwelle θ_i überschreitet.

Eine weitere einfache, im Gegensatz zur Schwellenwertfunktion aber überall differenzierbare Aktivierungsfunktion - der Ableitung kommt bei einigen Lernverfahren eine wichtige Bedeutung zu - ist die lineare Funktion

$$a_i(t+1) = net_i(t) - \theta_i .$$

Im Falle von $\theta_i = 0$ ergibt sich die Identität, d. h. die Aktivität wird unverändert weitergegeben.

Die am häufigsten eingesetzten Aktivierungsfunktionen sind sigmoide Funktionen. Sie sind einerseits stetig und differenzierbar, tragen andererseits aber auch der Vorstellung Rechnung, daß ein Neuron in der Nähe des Schwellenwertes θ_i sensibler reagieren soll als bei kleineren und größeren Eingaben.

Einen wichtigen Vertreter dieser Klasse von Funktionen stellt die logistische Aktivierungsfunktion

---

[3] engl. *bias*

$$a_i(t+1) = \frac{1}{1+e^{-g\left(net_i(t)-\theta_i\right)}}$$

dar, wobei der Parameter g - g für „gain" - die Steilheit der Kurve bestimmt. Abbildung 17 zeigt logistische Aktivierungsfunktionen mit jeweiligem Schwellenwert $\theta_i = 0$ und unterschiedlicher Steilheit g.

Der Wertebereich der Funktionen liegt im offenen Intervall (0, 1), kann aber durch entsprechende Modifikation auch auf ein beliebiges Intervall (m, M) ausgedehnt werden:

$$a_i(t+1) = \frac{M-m}{1+e^{\frac{-g\left(net_i(t)-\theta_i\right)}{M-m}}}.$$

Die logistische Aktivierung wird etwa beim Lernverfahren Backpropagation eingesetzt, der wohl am weitesten verbreiteten Lernmethode für mehrschichtige Netze.

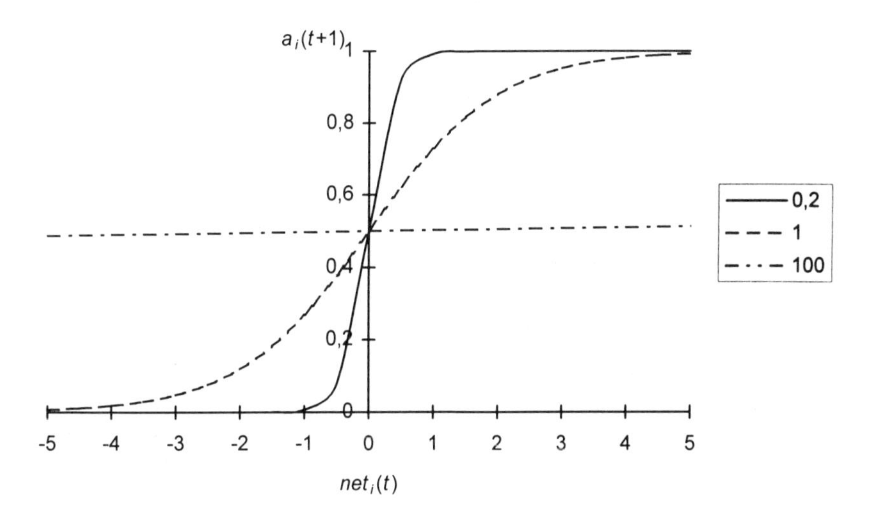

Abb. 17: Logistische Aktivierungsfunktionen mit Schwellenwert 0 und unterschiedlicher Steilheit ($g = 0{,}2$, $g = 1$, $g = 100$)

Aus der Aktivierung läßt sich schließlich die Ausgabe des Neurons o_j berechnen, welche an andere Neuronen - analog sich verzweigendem Axon mit Synapsen an den Enden - weitergeleitet wird. Typische Ausgabefunktionen sind

lineare Funktionen

$$o_i(t) = scale \times a_i(t) + offset$$

bzw. die Identität

$$o_i(t) = a_i(t),$$

wobei *scale* und *offset* Anpassungsparameter darstellen.

Die bislang vorgestellten Merkmale eines neuronalen Netzes charakterisieren die Eigenschaften von einzelnen Neuronen bzw. die Kommunikation zwischen ihnen. Das Verbindungsnetzwerk der Neuronen oder die Netztopologie dagegen kann als gerichteter Graph definiert werden (vgl. HAYKIN 1994, S. 14 f.). Hierbei bilden die Neuronen die Knoten des Graphen, während die Kanten aus den gewichteten Verbindungen zwischen den Neuronen entstehen. Stellt man den Graph wie üblich mit Punkten für die Knoten und Pfeilen für die gerichteten Kanten dar, so erhält man einen Überblick über die Struktur des Netzes. Die einzelnen Neuronen werden dabei gewöhnlich in Form von miteinander verbundenen Schichten oder Layern organisiert.

In der Regel betrachtet man mehrschichtige Netze, da sie ein größeres Anwendungsspektrum abdecken als solche mit einer einzigen Schicht (ROJAS 1993, S. 149). So besteht ein neuronales Netz häufig aus einer Eingabeschicht, ein oder mehreren Zwischenschichten - sog. verdeckten Schichten - sowie einer Ausgabeschicht. In Abbildung 18 etwa bilden die jeweiligen Neuronen 1 und 2 die Eingabeschicht, die Neuronen 3, 4 und 5 die Zwischenschicht und die Neuronen 6 und 7 die Ausgabeschicht.

Je nachdem, welche Strukturen die Knoten und Kanten des Netzes bilden, ergeben sich unterschiedliche Netztopologien. Sie können in Netze ohne und mit Rückkopplung eingeteilt werden (Abb. 18).

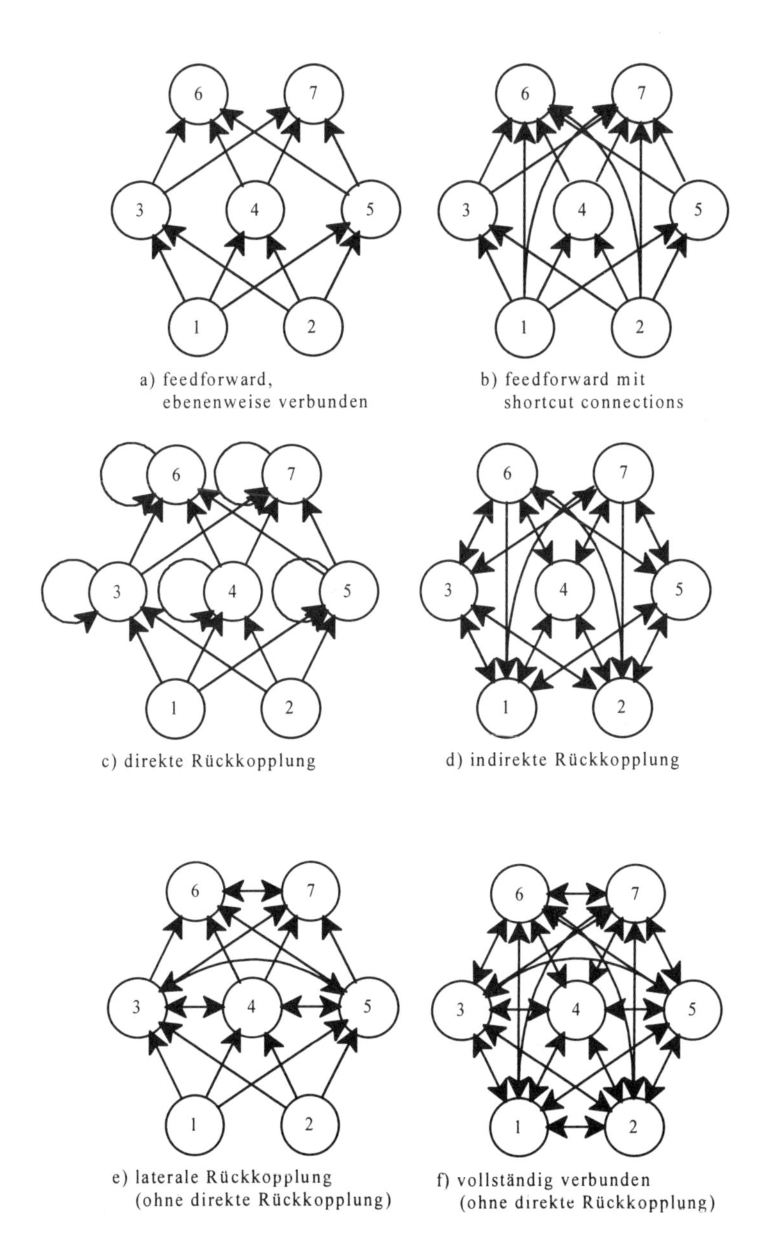

Abb. 18: Beispiel-Topologien für neuronale Netze
Quelle: ZELL 1994, S. 79; verändert

Netze ohne Rückkopplung oder vorwärtsgekoppelte[4] Netzen besitzen keine Zyklen. Ein Informationsfluß findet entweder nur ebenenweise von einer Schicht zur unmittelbar nächsten (Abb. 18a) oder - in der Praxis allerdings seltener eingesetzt - unter Auslassung einer oder mehrerer Schichten zu einer der nachfolgenden Ebenen (Abb. 18b) statt. In rückgekoppelten Netzen dagegen existiert ein Weg, der von einem beliebigen Neuron direkt (Abb. 18c) oder über zwischengeschaltete Neuronen - zwischen verschiedenen Ebenen (Abb. 18d), innerhalb einer Ebene (Abb. 18e) oder kombiniert (Abb. 18f) - wieder zu dem Neuron zurückführt. Unter den verschiedenen möglichen Netztopologien sind die ebenenweise vorwärtsgekoppelten Netze der bisher mit Abstand am weitesten eingesetzte Typ bei der Klassifikation von Fernerkundungsdaten.

Beschrieben die bisherigen Ausführungen die Komponenten und Struktur von neuronalen Netzen, so kann man die Arbeitsweise eines neuronalen Netzes in der Mustererkennung gewöhnlich als „black box" charakterisieren (BENDEDIKTSSON, SWAIN & ERSOY 1993): Zu einem bestimmten Eingabevektor **x** (beobachtete Signale) liefert das System - durch die Verknüpfung der jeweiligen Eingaben, Aktivierungen und Ausgaben der einzelnen Neuronen des Netzes - Ausgaben $o_i(t)$ an den i Neuronen der Ausgabeschicht, $i = 1, ..., L$, wobei L die Anzahl der Musterklassen darstellt. Wie das System zu der entsprechenden Ausgabe gelangt, bleibt dem Bearbeiter verborgen. Im allgemeinen ist $o_i(t) = 1$, wenn das i-te Neuron zum gegebenen Eingabevektor **x** aktiv wird, und $o_i(t) = 0$, wenn es inaktiv ist.

3.2.2 Eigenschaften von neuronalen Netzen

Unter den vielen interessanten Eigenschaften neuronaler Netze kommt insbesondere der Lernfähigkeit eine herausragende Bedeutung zu. Es ist dies die Fähigkeit eines neuronalen Netzes, selbständig aus seiner Umgebung anhand von Trainingsbeispielen zu lernen und seine Leistungsfähigkeit mit zunehmender Lerndauer zu verbessern, ohne daß das Netz dazu explizit programmiert werden muß (HAYKIN 1994, S. 45; ZELL 1994, S. 23).

Ein neuronales Netz lernt aus seiner Umgebung über einen iterativen Prozeß. Hierzu wird dem Netz eine Menge von Trainingsdatensätzen an der Eingabeschicht präsentiert, d. h. jedes Eingabeneuron erhält einen Wert des Trainingsdatensatzes zugewiesen. Typischerweise ist für jeden dieser Trainingsdatensätze bereits vorab bekannt, welche Netzausgabe er produzieren soll, d. h. welcher der L Klassen er zugeordnet werden soll[5].

[4] engl. *feedforward*

[5] Da zu einem gegebenen Eingabemuster auch das gewünschte Ausgabemuster mit angegeben wird, heißt diese, in der Praxis am häufigsten eingesetzte Art des Lernens überwachtes Lernen. Im Gegensatz dazu

Das Lernziel besteht darin, die vorgegebene Zuordnung möglichst genau zu reproduzieren.

Beim Lernen liefert das Netz für jede Trainingseingabe eine zugehörige Ausgabe, welche mit der gewünschten Ausgabe verglichen wird. Der Fehler zwischen aktueller und gewünschter Ausgabe dient gewöhnlich dazu, die Gewichte der Verbindungen im Netz zu modifizieren. Die Netzparameter werden nun solange angepaßt, bis der Fehler einen vorher festgelegten Grenzwert unterschreitet bzw. sich nicht mehr weiter reduzieren läßt.

Graphisch läßt sich dies wie folgt veranschaulichen. Trägt man den Fehler eines neuronalen Netzes als Funktion der Gewichte in ein Koordinatensystem ein, so erhält man eine Fehlerfläche, die sich im zweidimensionalen Fall anschaulich darstellen läßt (Abb. 19).

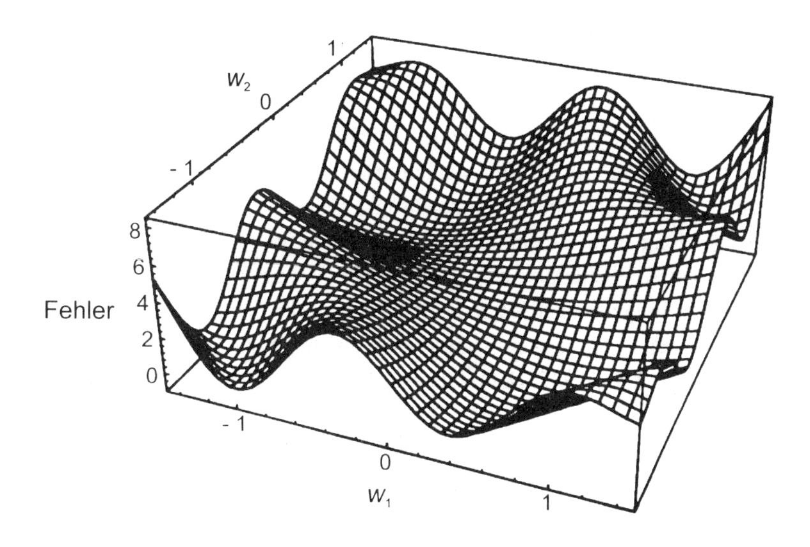

Abb. 19: Fehlerfläche eines neuronalen Netzes als Funktion der Gewichte w_1 und w_2
Quelle: ZELL 1994, S. 105; verändert

muß das neuronale Netz beim unüberwachten Lernen die statistischen Eigenschaften der Trainingsklassen ohne entsprechende Anwendervorgaben extrahieren.

Die Fehlerfunktion gibt hier den Fehler an, den das Netz, bei gegebenen Gewichten w_1 und w_2 sowie über alle Trainingsmuster aufsummiert, besitzt. Mit einem Gradientenabstiegsverfahren kann nun versucht werden, möglichst schnell ein globales Minimum der Fehlerfunktion zu finden, d. h. eine Konfiguration der Gewichte, bei der die Fehlersumme über alle Trainingsmuster minimal wird (ZELL 1994, S. 106). Dies ist das Prinzip von Backpropagation (RUMELHART, HINTON & WILLIAMS 1986), des am meisten eingesetzten Lernverfahrens zum Training von mehrschichtigen neuronalen Netzen (vgl. auch die Literaturtabelle im Anhang A). Allerdings weisen Gradientenverfahren mitunter ein schlechtes Konvergenzverhalten und damit die zugehörigen Netze eine lange Trainingszeit auf, da das Abstiegsverfahren etwa in lokalen Minima hängenbleiben kann oder zu lange auf flachen Plateaus verweilt. Wie aus der Literaturtabelle im Anhang A auch zu entnehmen ist, kamen daher insbesondere in den letzten Jahren modifizierte Versionen von Backpropagation - z. B. Abstieg mit variabler Schrittweite (vgl. z. B. ZELL 1994, S. 115 ff.) - zum Einsatz. Aber auch ganz andere Netztopologien finden - so auch in der vorliegenden Arbeit - zunehmend Verwendung.

Wurde das Training des Netzes erfolgreich abgeschlossen, so können anschließend für den eigentlichen Klassifikationsprozeß dem Netz dann die übrigen Datensätze präsentiert werden, so daß - im Idealfall - jeder Datensatz genau einer der L Klassen zugeordnet wird.

Bis heute ist eine kaum mehr überschaubare Vielzahl von Arbeiten entstanden, die neuronale Netze zur Lösung von Bildklassifikationsproblemen einsetzen. Die Tabelle in Anhang A zeigt, sortiert nach Publikationsjahr und ausgewertet nach Netzwerktyp, Datenquelle, Anwendung und Fallstudie, eine Aufstellung ausgewählter Studien, welche neuronale Netze zur Klassifikation von Fernerkundungsdaten verwenden. Der nach wie vor wachsende Erfolg neuronaler Netze bei der Klassifikation von Luft- und Satellitenbildern ist neben ihrer Lernfähigkeit insbesondere auf folgende drei Charakteristika zurückzuführen (LIPPMANN 1987; HAYKIN u. a. 1991; HUSH & HORNE 1993):

1. Neuronale Netze besitzen, sofern sie richtig trainiert wurden, aufgrund ihrer Struktur die inhärente Eigenschaft der automatischen Generalisierung. Neuronale Netze reagieren gegenüber verrauschten Daten oder Störungen in den Eingabemustern meist weniger empfindlich als konventionelle Algorithmen (ZELL 1994, S. 27). Gerade für die Mustererkennung unter realen Bedingungen kommt der Eigenschaft, ein bestimmtes Muster trotz Rauschen und Verzerrungen identifizieren zu können, eine große Bedeutung zu (WASSERMANN 1989, S. 2). Bezogen auf die Klassifikation von Fernerkundungsbildern, bedeutet die Fähigkeit zur Generalisierung die Möglichkeit, zu klassifizierende Objekte auch dann bestimmten Landbedeckungs- oder

Landnutzungsklassen richtig zuzuordnen, wenn die zur Entscheidung anstehenden Muster nicht vollständig mit den vorher gelernten Trainingsflächen übereinstimmen.

2. Neuronale Netze machen schwächere *a priori*-Annahmen über die statistische Verteilung der einzelnen Klassen im Datensatz als ein parametrischer Bayes-Klassifikator. Der Erfolg herkömmlicher statistischer Klassifikationsverfahren wie der Maximum-Likelihood-Methode hängt stark davon ab, inwieweit die Verteilung der Grauwerte einer Klasse der einer Normalverteilung entspricht. Weicht die Verteilung signifikant von der einer Normalverteilung ab, so sind Fehlklassifizierungen nicht auszuschließen. Gerade für viele reale Landbedeckungskategorien läßt sich die Annahme einer Normalverteilung jedoch häufig nicht bestätigen. Neuronale Netze dagegen können auch Klassen differenzieren, die nicht der Normalverteilungsvoraussetzung genügen.

3. Neuronale Netze sind in der Lage, auch nichtlineare Entscheidungsgrenzen im Merkmalsraum nachzubilden. Die Abbildungen 20 und 21 verdeutlichen diese Fähigkeit. In Abbildung 20 kann man keine Gerade im zweidimensionalen Merkmalsraum so plazieren, daß die beiden Klassen A und B exakt voneinander getrennt werden. Die beiden Mengen sind nicht linear separierbar. Mit Hilfe von mehrschichtigen neuronalen Netzen ist es dagegen möglich, auch konvexe und konkave Polygone zu klassifizieren[6] (Abb. 21).

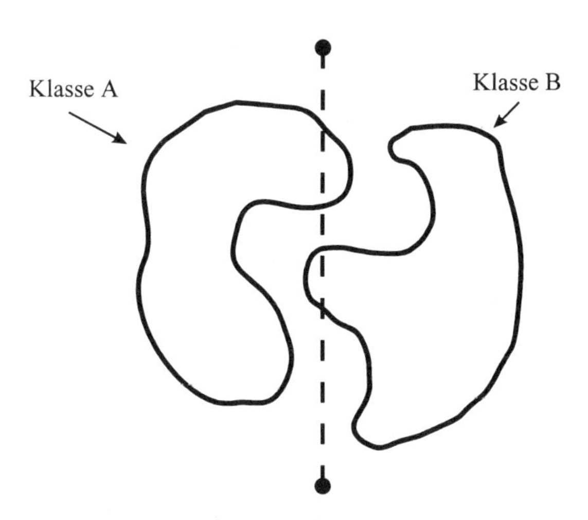

Abb. 20: Nicht-linear separierbare Klassen A und B

[6] Für eine ausführliche Darstellung der Trennbarkeit von neuronalen Netzen vgl. z. B. WASSERMAN (1989, S. 33 ff.), KRATZER (1990, 145 ff.) und ZELL (1994, S. 99 ff.).

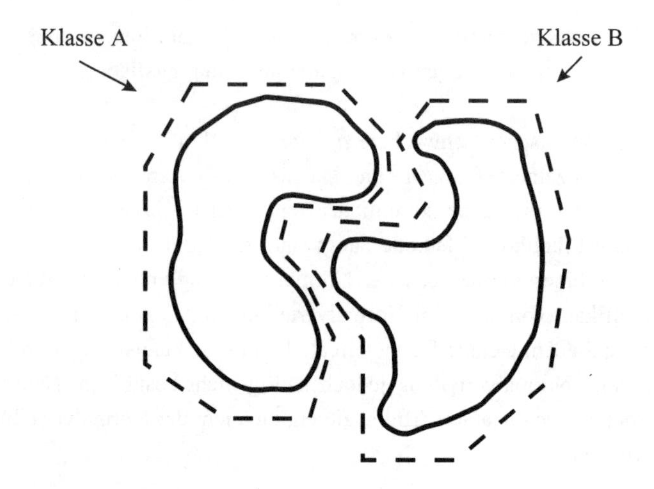

Abb. 21: Abgrenzung durch mehrschichtige neuronale Netze

Neben diesen drei Punkten ist noch eine weitere positive Eigenschaft neuronaler Netze hervorzuheben, die in vielen Untersuchungen Berücksichtigung findet (z. B. AZIMI-SADJADI, GHALOUM & ZOUGHI 1993; CHEN u. a. 1993). Im Gegensatz zu konventionellen Klassifikatoren können mit neuronalen Netzen sehr einfach zweidimensionale Eingabemuster verarbeitet werden. Traditionelle Klassifikationsverfahren wie die Maximum-Likelihood-Methode erfordern das Vorliegen von ausschließlich bildpunktbezogenen Merkmalswerten. Möchte man beispielsweise für die Klassifikation eines Satellitenbildes neben den spektralen Meßwerten auch Informationen aus der Nachbarschaft eines Pixels einbeziehen, so müssen diese als Werte eines abgeleiteten Merkmals für jedes einzelne Pixel vorliegen. Neben den ursprünglichen spektralen Kanälen entstehen somit ein oder mehrere „künstliche" Kanäle.

Neuronale Netze dagegen gestatten die Integration von Informationen aus der Umgebung eines Pixels ohne einen derartigen Umweg. Hierzu wird um ein zu klassifizierendes Pixel einfach ein Fenster oder Gitter mit vorher festgelegter Größe (z. B. 3 x 3 Pixel) gelegt. Jeder Wert dieser so entstandenen Matrix läßt sich anschließend jeweils genau einem Eingabeneuron zuordnen. Das konstruierte Gitter wird analog der schon früher erwähnten Methode Pixel für Pixel über das ganze Bild verschoben. Für jeden der so entstehenden Eingabevektoren liefert das neuronale Netz eine Ausgabe, welche dem jeweils zentralen Fensterpixel zugeordnet werden kann. Dabei spielt es keine Rolle, ob mehr als ein Kanal gleichzeitig betrachtet wird oder die Grauwerte vor der Weiterverarbeitung noch binär codiert werden. Das grundsätzliche Prinzip der Überführung einer

Matrix in einen neuronalen Eingabevektor bleibt stets das gleiche, lediglich die Anzahl der benötigten Neuronen in der Eingabeschicht verändert sich.

3.2.3 Klassifikationsgenauigkeit von neuronalen Netzen

Betrachtet man die vorgestellten Vorzüge von neuronalen Netzen, so ist anzunehmen, daß sie bezüglich der erreichbaren Klassifikationsgüte eine höhere Leistungsfähigkeit aufweisen als etwa ein Maximum-Likelihood-Klassifikator. Und zwar dann, wenn die Anwendungsvoraussetzungen für einen statistischen Klassifikator - insbesondere die Normalverteilungsannahme - verletzt sind (FOODY, McCULLOCH & YATES 1995). In der Tat belegen verschiedene Untersuchungen eine z. T. deutliche Überlegenheit von neuronalen gegenüber konventionellen Klassifikatoren. Beispielsweise beträgt in einer Untersuchung von KANELLOPOULOS u. a. (1992) die über alle Klassen des Überprüfungsdatensatzes errechnete durchschnittliche Genauigkeit der neuronalen Klassifikation 81 %. Sie lag damit 28 % über der einer Maximum-Likelihood-Klassifikation. Zu ähnlichen Ergebnissen kommen BISCHOF, SCHNEIDER & PINZ (1992) sowie HEERMANN & KHAZENIE (1992). Auch SOLAIMAN & MOUCHOT (1994), KIM u. a. (1995), SERGI u. a. (1995) und ZHUANG u. a. (1995) dokumentieren Vorteile von neuronalen Netzen gegenüber herkömmlichen statistischen Klassifikationsverfahren.

Die Differenzen zwischen neuronalen und konventionellen statistischen Klassifikatoren bleiben auch dann erhalten, wenn zum Zwecke der Leistungsverbesserung sowohl für die statistischen als auch die neuronalen Klassifikatoren *a priori*-Wahrscheinlichkeiten über die Zugehörigkeit eines Pixels zu einer Klasse berücksichtigt werden (FOODY 1995; zur Integration von *a priori*-Wahrscheinlichkeiten in neuronale Netze vgl. auch BARNARD & BOTHA 1993).

Betrachtet man jedoch nicht die Klassifikationsgüte insgesamt, sondern die von einzelnen Klassen, so können sich mitunter deutlich unterschiedliche Ergebnisse einstellen. BENEDIKTSSON, SWAIN & ERSOY (1990) etwa erreichen für die Vegetationsklasse „Colorado Tanne“ mit neuronalen Netzen verschiedener Designs stets eine Übereinstimmung von ca. 70 %, während statistische Klassifikatoren hier völlig versagen. Dagegen fällt das Ergebnis in der Mischklasse „Douglas Tanne / Ponderosa Pinie / Espe“ mit 50 % zu weniger als 10 % deutlich zugunsten der traditionellen Klassifikatoren aus. Zu ähnlichen Ergebnissen kommen auch DOWNEY u. a. (1992). Sie erzielen für die Klasse „Wald“ mittels einer neuronalen Klassifikation zwar eine Genauigkeit von 96 % im Gegensatz zu lediglich 35 % korrekt Maximum-Likelihood-klassifizierter Pixel. Für die Klasse „Ackerland“ kehrt sich die Situation jedoch um: Hier ist die Genauigkeit der herkömmlichen statistischen Klassifikation mit 66 % gegenüber 12 % der neuronalen

Klassifikation deutlich besser (für eine klassenspezifische Differenzierung der Genauigkeiten vgl. auch ZHUANG u. a. 1995).

Daher schlagen KANELLOPOULOS, WILKINSON & MÉGIER (1993) eine Kombination beider Ansätze vor. Dafür werden in einem ersten Schritt ein neuronaler wie auch ein Maximum-Likelihood-Klassifikator mittels derselben ausgewählten Übungsgebiete einzeln trainiert. Anschließend erfolgt die Überprüfung der Güte der beiden Klassifikatoren anhand von separaten Testpixeln. Jene Pixel, die nicht eindeutig einer Klasse zuordenbar sind, dienen danach in einem dritten Schritt als Trainingsdaten für ein zweites, auf derartige unklare Fälle spezialisiertes neuronales Netz. In der eigentlichen Klassifikation wird dann mittels einer einfachen Prozedur entschieden, welche der Klassifikatoren der geeignete für ein gegebenes Pixel ist. Eine Verbesserung dieser integrativen Klassifikation gegenüber einer ausschließlich neuronalen läßt sich zwar festzustellen, bleibt mit 0,3 % allerdings bescheiden.

WILKINSON u. a. (1992) verglichen die Klassifikationsgüte von neuronalen Netzen mit der von Expertensystemen[7] und herkömmlichen statistischen Klassifikatoren anhand fest vorgegebener Testflächen. Die Ergebnisse ihrer Untersuchung sind in Tabelle 1 dargestellt.

Tab. 1: Exemplarischer Vergleich der durchschnittlichen Klassifikationsgenauigkeit zwischen statistischen Klassifikatoren, neuronalen Netzen und Expertensystemen

	durchschnittliche Leistung für	
Klassifikator	Daten eines Zeitpunktes	Daten zweier Zeitpunkte
Maximum-Likelihood	68,6 %	78,5 %
Maximum-Likelihood + Expertensystem	81,2 %	81,3 %
Neuronales Netz	82,3 %	82,5 %

Quelle: WILKINSON u. a. (1992)

Wenn es auch zu berücksichtigen gilt, daß die konkreten Zahlenwerte abhängig sind von den gewählten Testflächen, der zugrunde gelegten Netzwerkarchitektur und den einbe-

[7] Ein derartiges System stellen z. B. KARTIKEYAN, MAJUMDER & DASGUPTA (1995) vor.

zogenen Entscheidungsregeln, so lassen sich doch bestimmte allgemeingültige Tendenzen ableiten.

So ist, sofern nur Bilddaten eines Zeitpunktes vorliegen, die durchschnittliche Klassifikationsgüte von neuronalen Netzen und Expertensystemen z. T. deutlich höher als von einem rein statistischen Klassifikator. Die Unterschiede werden geringer, wenn in die Klassifikationsentscheidung Bilddaten mehrerer Zeitpunkte einfließen. Neuronale und wissensbasierte Klassifikatoren unterscheiden sich dagegen bezüglich der erreichbaren Genauigkeit nur wenig. Beide Ansätze haben ihre Vor- und Nachteile. Während es für neuronale Verfahren ausreichend ist, die Klassifikation lediglich auf der Basis der Bilddaten durchzuführen, müssen bei der Verwendung wissensbasierter Verfahren Daten aus externen Quellen vorliegen. Die Verfügbarkeit solcher Daten bzw. deren ausreichende Qualität ist aber insbesondere in Entwicklungsländern nicht immer gegeben. Zudem muß externes Wissen für die Integration in den Klassifikationsprozeß zunächst in entsprechenden Regelmengen formalisiert werden. Die kostet mitunter ein Vielfaches der Zeit, die zum Training des Netzes notwendig ist. Andererseits gestaltet sich der Klassifikationsprozeß bei der Verwendung von Regelmengen für den Anwender wesentlich transparenter als im Falle von neuronalen Netzen, bei denen lediglich Verbindungsgewichte in einer kaum nachvollziehbaren Weise automatisch modifiziert werden. Regelbasierte Verfahren weisen daher immer dann Vorteile auf, wenn der Anwender wissen möchte, welchen Faktoren ein besonderes Gewicht bei der Separierung der Klassen zukommt (WILKINSON u. a. 1992).

4 EIN VERFAHREN ZUR POLYGONBASIERTEN KLASSIFIKATION VON FERNERKUNDUNGSDATEN

4.1 Motivation für die Verfahrensentwicklung

Wesentliches Kennzeichen aller bisher vorgestellten Klassifikationsverfahren ist der Umstand, daß die Ausprägungen der verschiedenen, für eine Differenzierung der Landbedeckung bzw. der Landnutzung als geeignet erachteten Merkmale zunächst für jeden Bildpunkt zu einem *n*-dimensionalen Merkmalsvektor zusammengefaßt werden. Die beim eigentlichen Klassifikationsprozeß erfolgende Zuordnung eines Pixels in eine der ausgewiesenen Klassen stützt sich dann entweder nur auf die *n* Merkmalsausprägungen des betrachteten Pixels oder bezieht in den Entscheidungsprozeß auch die Werte umliegender Pixel mit ein. Möglicherweise erfolgt noch eine Nachbehandlung des erhaltenen Klassifikationsergebnisses zwecks Erhöhung der Klassifikationsgenauigkeit. In jedem Fall ist das Endprodukt der Klassifikation eine thematische Karte der Landbedeckung oder der Landnutzung des betrachteten Raumes. Aber genau in der Bezeichnung „Endprodukt" liegt ein fundamentales Problem bisheriger Klassifikationsverfahren. Sie erzeugen eine Karte, welche die jeweilige Landbedeckung bzw. Landnutzung nur auf einem ganz bestimmten räumlichen Aggregationsniveau darstellt. Dies soll folgendes bedeuten:

Man betrachte zunächst ein einzelnes Pixel als Basisobjekt mit ausschließlich spektralen Merkmalen. Geht dieses in einen rein bildpunktbezogenen Klassifikationsprozeß ein, so wird es nur aufgrund seines Merkmalsvektors einer bestimmten Landbedeckungskategorie zugeordnet. Andere Pixel mit gleichem oder ähnlichem Merkmalsvektor wie das betrachtete Pixel werden auch dieser Kategorie zugewiesen, Pixel mit unähnlichen Merkmalsvektoren dagegen nicht. Die Klassifikation erzeugt somit eine thematische Karte der Landbedeckung, für die jedes Pixel seinen vollkommen individuellen, von den Merkmalsvektoren anderer Pixel unabhängigen Beitrag liefert. Eine derartige Karte basiert also auf dem fundamentalen Aggregationsniveau einzelner, voneinander isolierter Pixel. Das mehrere benachbarte Pixel eine zusammenhängende Fläche derselben Landbedeckung bilden können, ändert an dieser Tatsache nichts.

Berücksichtigt man bei der Klassifikation eines Pixels auch die Merkmalsausprägungen von benachbarten Pixeln, so können u. U. auch Pixel zusammen in eine Klasse fallen, die sich bezüglich ihrer Merkmalsvektoren deutlich unterscheiden. Nämlich dann, wenn die Ähnlichkeiten im räumlichen Kontext stärker ins Gewicht fallen als die spektralen Differenzen. Beispielsweise braucht ein Swimmingpool im Garten nun nicht mehr als Wasserfläche inmitten von Grünanlagen und Dächern klassifiziert werden, sondern kann dafür zusammen mit den Grünflächen und Dächern als Bestandteil der Klasse

„Einfamilienhaus“ gelten. Die entstandenen Landbedeckungs- oder Landnutzungsflächen repräsentieren jetzt jeweils nicht mehr eine Ansammlung von unabhängigen Pixeln. Statt dessen stellt jede einzelne Fläche ein Konglomerat aus den räumlichen Interaktionen seiner Pixel untereinander und mit anderen Pixeln dar. Eine thematische Karte des Untersuchungsgebiets zeigt somit Flächen der Landbedeckung bzw. der Landnutzung, welche jeweils für sich eine räumlich-thematische Aggregation aus den sie erzeugenden Pixeln und deren jeweiliger Landbedeckung bilden. Folglich liegt eine Karte vor, die ein höheres räumliches und thematisches Aggregationsniveau aufweist als eine Karte der rein pixelbezogenen Landbedeckung.

Wie hoch das Aggregationsniveau ausfällt, kann der Anwender dadurch beeinflussen, indem er die Ausmaße der Umgebung, im allgemeinen also die Größe des beweglichen quadratischen Fensters definiert, aus dem benachbarte Pixel für die Bestimmung der Landbedeckung bzw. Landnutzung des jeweils zentralen Pixels herangezogen werden sollen. Theoretisch kann eine derartige Umgebung das ganze Bild umfassen. Abgesehen davon, daß sich in diesem Extremfall bei einem quadratischen Fenster fester Größe nur das zentrale Pixel des gesamten Bildes klassifizieren ließe, macht ein zu umfangreich gewählter Kontext natürlich gerade für hochaufgelöste Bilder mit einer großflächigen Überdeckung der Erdoberfläche wenig Sinn. Denn es würde jedes Klassifikationsverfahren aus Gründen des Rechenaufwands und der schwierigen mathematischen Modellierung überfordern, beispielsweise für Pixel mit einer Bodenüberdeckung von 10 m x 10 m jeweils aufgrund eines Umfeldes von 30 km x 30 km zu entscheiden, welcher Landnutzungskategorie sie angehören. Kontextbezogene Klassifikationen müssen sich daher zwangsläufig auf die Betrachtung wesentlich kleinerer Fenstergrößen beschränken. Gängige Größen liegen zwischen 3 x 3 und 9 x 9 Pixeln, lediglich in Ausnahmefällen - insbesondere bei der Analyse von Radardaten - können sie auch wesentlich umfangreicher sein[1]. Ein 9 x 9-Fenster deckt somit bei einer Pixelauflösung von 10 m x 10 m - der Auflösung von SPOT-Aufnahmen im panchromatischen Kanal - eine Fläche von weniger als einem Hektar ab. Daraus wiederum leitet sich die folgende zentrale Feststellung ab:

Die bisher zu Klassifikationen von Luft- und Satellitenbilddaten eingesetzten Verfahren liefern als Ergebnis entweder eine Karte der Landbedeckung nach rein spektralen Gesichtspunkten oder eine Karte der - in bezug auf die Bildauflösung - **lokalen** Landnutzung.

Für ein Bild mit einer Auflösung von 10 m x 10 m bedeutet dies, daß ein Pixel der Landbedeckungsklasse „Rasen“ durch einen geeigneten Kontextklassifikator der Land-

---

[1] z. B. bis 61 x 61 Pixel bei BLOM & DAILY (1982)

nutzungskategorie „Einfamilienhaus“ zugeordnet werden kann. Das Einfamilienhaus stellt aber nur die unterste Stufe einer räumlichen Hierarchie von Landnutzungsklassen dar. Dieser untersten Stufe können noch viele weitere Stufen folgen. Beispielsweise kann das betrachtete Einfamilienhaus Bestandteil der Klasse „Wohngebiet“, dieses wiederum Teil von einem „Stadtviertel“ sein, welches seinerseits der Klasse „Stadt“ zugeordnet ist.

Ähnlich verhält es sich mit Landbedeckungsklassen. Vielfach wird Landbedeckung lediglich im Zusammenhang mit der autonomen Betrachtung der spektralen Eigenschaften eines Bodenelements gesehen. Doch auch Landbedeckung kann selbstverständlich in einer räumlich-thematischen Hierarchie organisiert sein (Abb. 22).

Die bisher in der Praxis eingesetzten Klassifikationsverfahren vernachlässigen einen derartigen hierarchischen Aufbau der Landnutzung bzw. der Landbedeckung. Sie sind damit nicht in der Lage, komplexe Raummuster aus anderen, mitunter ebenfalls aus vielen Teilflächen zusammengesetzten Flächen abzuleiten und zu klassifizieren. Genau dieser Aufgabe kommt aber mit dem zunehmenden Einsatz von extrem hochauflösenden Sensoren - etwa dem MOMS-02-Abtaster mit einer Auflösung von 4,5 m x 4,5 m im panchromatischen fünften Kanal - eine immer stärkere Bedeutung zu.

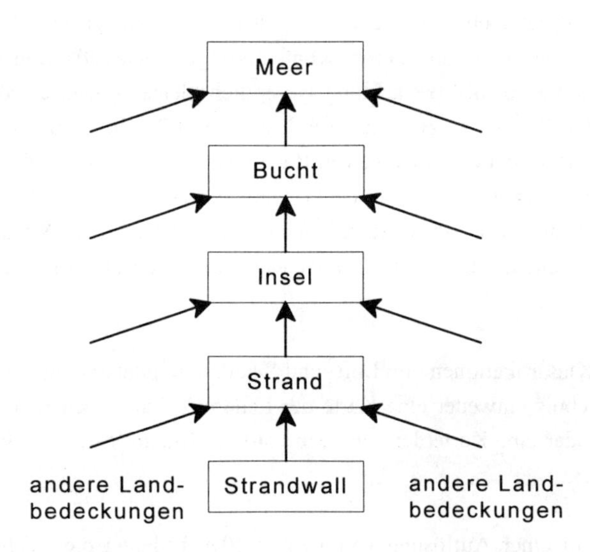

Abb. 22: Beispiel für eine Hierarchie von Landbedeckungsklassen

Ein Verfahren, welches in der Lage ist, komplexe Objekte zu klassifizieren, muß sich von der Ebene der Pixel lösen können. Eine derartige Methode muß in der Lage sein, nicht nur Pixel, sondern zusätzlich auch beliebige Flächen oder Regionen bestimmten Klassen zuzuordnen. Denn ist dies möglich, so können die aus einer Landbedeckungs- bzw. Landnutzungsklassifikation gewonnenen Regionen ihrerseits in eine neue Klassifikation einfließen. Diese wiederum erzeugt eine neue Karte der Landbedeckung bzw. der Landnutzung, jetzt allerdings auf einem höheren Aggregationsniveau. Auch deren Regionen können wieder in einen Klassifikationsdurchlauf eingegeben werden. Ein solches Vorgehen läßt sich im Prinzip so oft wiederholen, bis die gesamte Karte nur noch aus einer einzigen Region besteht. Ein derartiges Verfahren würde dann beispielsweise in einem ersten Durchlauf eine Landbedeckungskarte u. a. bestehend aus Wasserflächen, Grünflächen und Dächern erzeugen. In einem zweiten Durchlauf werden anschließend einige dieser Flächen zum komplexen Objekt „Einfamilienhaus“ zusammengefügt, im dritten Durchlauf dann Regionen der Landnutzungsklassen „Einfamilienhaus“, „Grünanlage“ und „Straße“ zu einem übergeordneten Objekt „Wohngebiet der Oberschicht“ usw. Über eine derartige iterative Vorgehensweise wäre es dann im Prinzip auch möglich, eine Aussage darüber zu machen, ob ein einzelnes Bodenelement von der Größe 10 m x 10 m Bestandteil einer Großstadt oder einer ländlichen Region ist.

Im folgenden wird ein Verfahren vorgestellt, daß eine derartige hierarchische Klassifikation von komplexen Objekten leistet. Für die Entwicklung einer solchen Methode kommen im wesentlichen zwei Ansätze in Frage. Der wohl naheliegendste ist, die Aggregation der Klassen von einer Ebene zur nächsten, d. h. die Erzeugung von übergeordneten Regionen aus untergeordneten auf der Basis eines Expertensystems - ähnlich etwa der von FUNG & CHAN (1994) oder JOHNSSON (1994) vorgeschlagenen Weise (vgl. Kap. 3.1.1) - stattfinden zu lassen. Dies setzt aber die Aufstellung und Formalisierung von Regeln bzw. Entscheidungskriterien in einer Wissensbank voraus, und zwar für jede Aggregationsebene getrennt. Gerade komplexe, aus vielen untergeordneten Regionen zusammengesetzte Objekte dürften sich jedoch nur sehr schwer in ihrem räumlichen Beziehungsgefüge formal charakterisieren lassen.

Es erscheint deshalb sinnvoller, das Aufspüren von inhärenten Beziehungsstrukturen der einzelnen Landbedeckungs- bzw. Landnutzungsklassen dem Verfahren selbst zu überlassen. Der Anwender soll lediglich dazu verpflichtet werden, Trainingsgebiete für die einzelnen Klassen anzugeben. Die zu entwickelnde Methode stellt somit ein überwachtes Klassifikationsverfahren dar. Dieses im folgenden vorgeschlagene Verfahren basiert auf den bereits zur Beschreibung von Texturen sehr erfolgreich eingesetzten Grauwertübergangsmatrizen oder Co-Occurrence-Matrizen. Allerdings müssen vorher verschiedene Modifikationen an diesen Matrizen vorgenommen werden, um sie zum Gebrauch mit komplexen Objekten zu befähigen. Nach Durchführung dieser Modifikationen lassen sich dann für eine gegebene Objektklasse über deren Trainingsflächen spezifische Beschreibungen in Form von modifizierten Co-Occurrence-Matrizen gewinnen. Für jede Objektklasse werden derartige Beschreibungen erzeugt, welche ihrerseits zum Training eines neuronalen Netzes dienen. Wird das Training des Netzes erfolgreich abgeschlossen, so liegt ein geeigneter Klassifikator für die Landbedeckung bzw. die Landnutzung auf einem bestimmten Aggregationsniveau vor. Er ermöglicht es, Flächen, deren Zuordnung zu einer Klasse noch unbekannt ist, eine dieser Klassen zuzuweisen.

4.2 Polygonbasierte Co-Occurrence-Matrizen

Vor der Beschreibung von Co-Occurrence-Matrizen sowie der mit ihrer Benutzung verbundenen Probleme und deren Behebung sei zunächst der Begriff Textur charakterisiert, da er fundamental für den Einsatz von Co-Occurrence-Matrizen ist.

4.2.1 Textur

Als Textur bezeichnet man allgemein die Oberflächenstruktur eines Bildes oder eines Bildausschnitts, d. h. die Strukturierung der Grauwerte im Bild bzw. Bildausschnitt (HABERÄCKER 1991, S. 296; JÄHNE 1993, S. 156). Etwas genauer kann man Textur beschreiben als „Strukturierung einer Fläche, die sich im Bild ergibt, wenn mehr oder weniger regelmäßig angeordnete Einzelobjekte im betreffenden Bildmaßstab nicht mehr getrennt wahrgenommen werden“ (ALBERTZ 1991, S. 108). Noch präziser läßt sich der Begriff Textur charakterisieren, wenn man die Grundobjekte betrachtet, aus denen Textur entsteht (vgl. z. B. HARALICK & SHAPIRO 1992, S. 454; ABMAYR 1994, S. 261). Ein Grundobjekt oder eine Grundtexturfläche[2] bildet sich aus der lokalen Verteilung und Variation der Grauwerte in einem Teilbereich des Bildes. Die Grundtexturfläche läßt sich durch Merkmale wie mittlerer Grauwert oder minimaler und maximaler Grauwert beschreiben. Die Grundtextur wird dabei noch nicht als Textur, sondern lediglich als texturerzeugendes Muster angesehen. Erst wenn sich derartige Teilflächen wiederholen, erzeugen sie ein Texturgebiet[3] (ABMAYR 1994, S. 261). Abbildung 23 zeigt ein Texturgebiet, welches aus der Aneinanderreihung von Grundprimitiven des Typs „kleiner Kreis“ entstanden ist.

[2] engl. *primitive*

[3] Während der Begriff Textur die Bezeichnung für ein Merkmal ist, bezieht sich hier der Ausdruck Texturgebiet auf die räumliche Ausprägung dieses Merkmals.

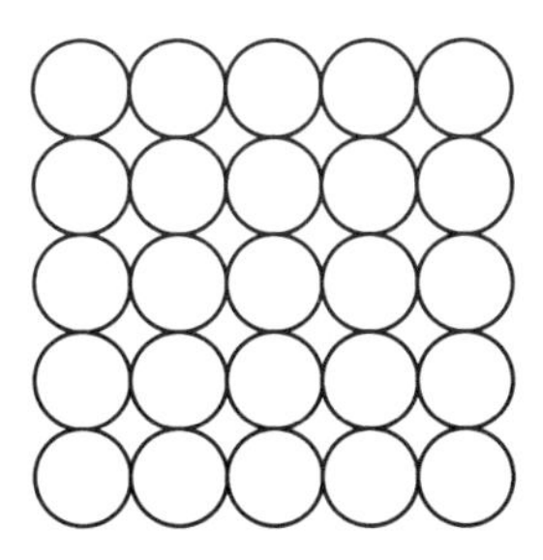

Abb. 23: Beispiel für eine strukturelle Textur

In Abgrenzung zu sonstigen Mustern zeichnen sich Texturgebiete durch die Eigenschaft aus, daß sich ihre Elemente, d. h. ihre Grundtexturflächen bezüglich der betrachteten Merkmale nicht unterscheiden. Ein Bildausschnitt oder ein Bildobjekt hat also erst dann eine Textur, „wenn die Merkmalswerte aus einer Grundtexturfläche mit den Merkmalswerten einer anderen Grundtexturfläche, innerhalb des Texturgebiets, übereinstimmen" (ABMAYR 1994, S. 261 f.).

Wie dieser recht komplizierte Versuch einer Definition des Begriffs Textur zeigt, ist es außerordentlich problematisch, eine vollständige quantitative Beschreibung für die Struktur eines Bildes anzugeben. Texturen sind vom menschlichen visuellen System zwar leicht zu erfassen und zu unterscheiden, zeichnen sich aber gerade aufgrund ihrer vielfältigen Ausprägungen durch die Schwierigkeit aus, sie mit einem einfachen Merkmal zu beschreiben (JÄHNE 1993, S. 156). Zudem ist unser Texturempfinden subjektiv. Verschiedene Personen können die Oberflächenstruktur eines Bildes unterschiedlich beschreiben und interpretieren (ABMAYR 1994, S. 262). Ferner kann Textur hierarchisch organisiert sein, was sich an Abbildung 24 verdeutlichen läßt.

Betrachtet man nur die groben Strukturen des Rattangeflechts, so lassen sich vertikale und horizontal orientierte Streifen erkennen, die durch das Flechtmuster hervorgerufen werden. Vergrößert man die Auflösung und betrachtet ein einzelnes geflochtenes Band, so lassen sich wiederum horizontale bzw. vertikale Streifen, allerdings einer ganz anderen Art, identifizieren. Es hängt also ganz von der Sichtweise ab, ob man ein und dasselbe Objekt entweder selbst oder als Texturelement eines größeren Zusammenhangs betrachtet (JÄHNE 1993, S. 156).

Bis heute existiert keine vollständige Definition des Begriffs Textur. Dennoch verbindet man ihn - wie anhand Abbildung 24 nachzuvollziehen - intuitiv mit Größen, welche etwa die Streifigkeit oder Körnigkeit einer Oberfläche messen. Für eine derartige quantitative Beschreibung von Textur gibt es eine Reihe von Ansätzen, die sich im wesentlichen in strukturelle, statistische und spektrale Modelle unterteilen lassen (GONZALES & WOODS 1992, S. 507).

Strukturelle Texturen entstehen aus der Aneinanderreihung von deckungsgleichen Grundprimitiven. Sie zeichnen sich damit durch einen hohen Grad an Regelmäßigkeit aus (Abb. 23 zeigt z. B. eine strukturelle Textur, die sich aus dem Grundtexturtyp „Kreis“ aufbaut). Strukturelle Texturbeschreibungen können als Vorschriften betrachtet werden, die eine fehlerfreie Rekonstruktion der Textur erlauben. Derartige Texturen sind lediglich von geringer praktischer Bedeutung, da sie meist nur in künstlich erzeugten Industrieprodukten vorkommen (ABMAYR 1994, S. 262).

Abb. 24: Textur eines Rattangeflechts
Quelle: BRODATZ (1966); Ausschnitt aus Tafel D64

Im Gegensatz zu den regelmäßigen strukturellen Texturen unterliegen statistische Texturen Schwankungen ihrer Grundtexturflächen. Hier erzeugt das Texturmodell bei verschiedenen Realisierungen keine identischen Texturen, sondern nur Muster, die im Bezug auf die betrachteten Parameter deckungsgleich sind (ABMAYR 1994, S. 262). Ein wichtiger Vertreter dieser Klasse von Modellen ist der im nächsten Kapitel vorgestellte Co-Occurrence-Ansatz, der in einer Vielzahl von Untersuchungen zur Klassifikation von Fernerkundungsdaten Anwendung gefunden hat (z. B. HARALICK, SHANMUGAM & DINSTEIN 1973; HARALICK 1979; MARCEAU u. a. 1990; PEDDLE & FRANKLIN 1991; INOUE u. a. 1993; NOOR, RIJAL & ISMAIL 1993; KUSHWAHA, KUNTZ & OESTEN 1994; PYKA & STEINNOCHER 1994).

Spektrale Texturmodelle schließlich basieren auf der Berechnung und Auswertung des zweidimensionalen Fourierspektrums eines Bildes bzw. eines Teilbildes. Fourierspektren sind gut geeignet, um Orientierungen wie Streifigkeit von periodischen oder annähernd periodischen zweidimensionalen Mustern in einem Bild zu beschreiben. Da verschiedene Untersuchungen (z. B. HARALICK, SHANMUGAM & DINSTEIN 1973; WESZKA, DYER & ROSENFELD 1976; CONNERS & HARLOW 1980) jedoch gezeigt haben, daß spektrale Modelle in der Güte ihrer Charakterisierung von Texturen häufig schlechter abschneiden als statistische Modelle, werden sie hier nicht weiter behandelt (für eine Darstellung von spektralen Texturmodellen vgl. z. B. GONZALES & WOODS 1992, S. 511 ff. oder HARALICK & SHAPIRO 1992, S. 465 ff.)

In ihrer Bedeutung für die automatische Erkennung von allgemeinen Objekten steht die Textur häufig hinter spektralen Merkmalen und geometrischen Größen zur Form und Gestalt der Objekte zurück (ABMAYR 1994, S. 250). Gerade in Luft- und Satellitenbildern können viele Objektklassen jedoch gut anhand ihrer Textur unterschieden werden (HABERÄCKER 1991, S. 296).

4.2.2 Co-Occurrence-Matrizen

Grauwertübergangsmatrizen oder Co-Occurrence-Matrizen stellen eines der am weitesten verbreiteten Hilfsmittel zur Beschreibung der Textur eines Bildes dar. Ihre Stärke liegt darin, daß sie die räumlichen Beziehungen der Grauwerte in einem Texturmuster charakterisieren können (HARALICK & SHAPIRO 1992, S. 459). Abbildung 25 verdeutlicht diese Fähigkeit. Beide Muster weisen sowohl den gleichen Grauwertumfang als auch die gleiche Häufigkeitsverteilung auf. Damit können weder konventionelle statistische noch häufigkeitsbasierte Verfahren diese beiden Muster unterscheiden. Im Gegensatz dazu ist der Co-Occurrence-Ansatz in der Lage, die beiden Muster durch Auszählung von benachbarten hellen und dunklen Pixeln zu differenzieren.

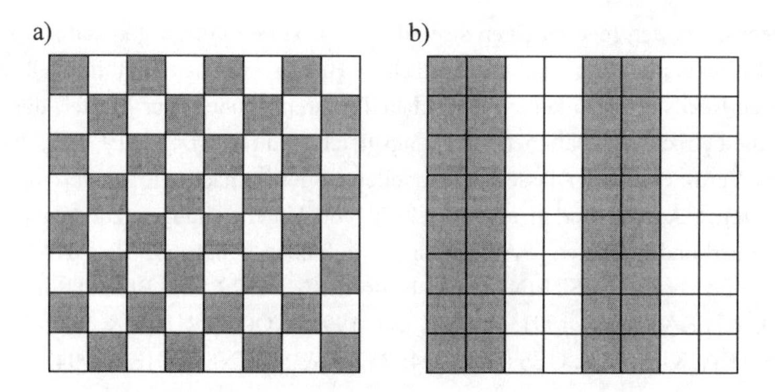

Abb. 25: Muster mit gleichem Graumwertumfang und gleichem Histogramm

In diesem Abschnitt erfolgt eine Darstellung der grundlegenden Begriffe und Eigenschaften von Co-Occurrence-Matrizen, soweit sie für die nachfolgend beschriebene Methodik von Bedeutung sind. Für ausführlichere Beschreibungen dieser Matrizen sei z. B. auf HARALICK (1979), HARALICK & SHAPIRO (1992, S. 457 ff.) oder ABMAYR (1994, S. 30 ff.) verwiesen.

Eine Co-Occurrence-Matrix ist eine Art Häufigkeitstabelle, in der nicht die Häufigkeiten von einzelnen Pixelwerten erfaßt sind, sondern die Häufigkeiten von Paaren von Pixeln, die in einer bestimmten räumlichen Beziehung zueinander stehen. Diese räumliche Beziehung zweier Pixel definiert sich über den Abstandsvektor **d**, mit dem die beiden Pixel voneinander getrennt sind. Der Abstandsvektor **d** hat als Komponenten den skalaren Abstand d und den Winkel α. Betrachtet werden also Paare von Pixeln, die im Abstand d und Winkel α zueinander liegen. Wird der Abstand d in Pixeleinheiten ausgedrückt, dann bedeutet die Angabe $d = 1$ und $\alpha = 0°$ für ein Pixelpaar, daß die beiden Pixel unmittelbar horizontal benachbart sind. Analog liegen Pixelpaare mit $d = 1$ und $\alpha = 90°$ unmittelbar vertikal benachbart, Pixelpaare mit $d = 1$ und $\alpha = 45°$ in SW-NO-Richtung benachbart[4] und Pixelpaare mit $d = 1$ und $\alpha = 135°$ in SO-NW-Richtung benachbart. Neben den Pixelwerten sind die Häufigkeiten von Paaren von Pixeln somit auch eine Funktion des Abstandes d und des Winkels α. Der Abstand d und der Winkel α stellen also zwei Parameter dar, mit Hilfe derer - sofern sie geeignet gewählt wurden - sich verschiedene Texturen in einem Bild detektieren und separieren lassen.

[4] Die Angabe von Himmelsrichtungen ist hier natürlich nur im übertragenen Sinne zu verstehen.

Sei im folgenden k die Anzahl der verschiedenen im Bild vorkommenden Graustufen sowie ein Pixelabstand d und ein Winkel α vorgegeben. Dann ist eine Co-Occurrence-Matrix $\mathbf{C}(d, \alpha)$ eine k x k-Matrix mit Elementen c_{ij}. Diese Elemente geben die absolute Häufigkeit an, mit der ein Pixel mit dem Wert i neben einem Pixel mit dem Wert j liegt, wobei die beiden Pixel in einer durch den Abstand d und den Winkel α beschriebenen Lage auftreten.

Die folgenden Darstellungen mögen das Konzept von Co-Occurrence-Matrizen veranschaulichen (vgl. HARALICK, SHANMUGAM & DINSTEIN 1973).

Gegeben sei folgendes 4 x 4-Raster mit $k = 4$ Graustufen:

0	0	1	1
0	0	1	1
0	2	2	2
2	2	3	3

Zugehörige Co-Occurrence-Matrizen berechnen sich dann auf der Basis folgender Häufigkeiten:

	Grauwert j			
Grauwert i	0	1	2	3
0	#(0, 0)	#(0, 1)	#(0, 2)	#(0, 3)
1	#(1, 0)	#(1, 1)	#(1, 2)	#(1, 3)
2	#(2, 0)	#(2, 1)	#(2, 2)	#(2, 3)
3	#(3, 0)	#(3, 1)	#(3, 2)	#(3, 3)

wobei # die Anzahl des Auftretens eines Pixelpaares mit den Werten i bzw. j angibt und $\#(i, j) = \#(j, i)$ gilt[5].

Hieraus ergeben sich etwa folgende Co-Occurrence-Matrizen:

[5] Im Gegensatz zu dieser üblichen Betrachtungsweise verzichten GONZALEZ & WOODS (1992, S. 508 f.) auf die Aufrechterhaltung der Symmetrie, indem sie für den Winkel α zwischen $\alpha < 180°$ und $\alpha \geq 180°$ differenzieren.

$$\mathbf{C}(1,0°)=\begin{pmatrix}4&2&1&0\\2&4&0&0\\1&0&6&1\\0&0&1&2\end{pmatrix}\qquad\mathbf{C}(1,90°)=\begin{pmatrix}6&0&2&0\\0&4&2&0\\2&2&2&2\\0&0&2&0\end{pmatrix}$$

$$\mathbf{C}(1,45°)=\begin{pmatrix}4&1&0&0\\1&2&2&0\\0&2&4&1\\0&0&1&0\end{pmatrix}\qquad\mathbf{C}(1,135°)=\begin{pmatrix}2&1&3&0\\1&2&1&0\\3&1&0&2\\0&0&2&0\end{pmatrix}.$$

Neben den absoluten Häufigkeiten c_{ij} der Grauwertübergänge sind sehr häufig auch die relativen Häufigkeiten bzw. Wahrscheinlichkeiten p_{ij} von Interesse, mit der zwei durch den Abstand d und Winkel α getrennte, die Werte i bzw. j aufweisende Pixel auftreten. Aus ihnen ergibt sich die normalisierte Co-Occurrence-Matrix $\mathbf{P}(d, \alpha)$, indem man die jeweiligen absoluten Häufigkeiten c_{ij} durch die Anzahl der Grauwertübergänge insgesamt dividiert:

$$p_{ij}=\frac{c_{ij}}{\sum_{i=1}^{k}\sum_{j=1}^{k}c_{ij}}.$$

Für obiges Beispiel errechnen sich folgende normalisierte Co-Occurrence-Matrizen:

$$\mathbf{P}(1,0°)=\begin{pmatrix}1/6&1/12&1/24&0\\1/12&1/6&0&0\\1/24&0&1/4&1/24\\0&0&1/24&1/12\end{pmatrix}\qquad\mathbf{P}(1,90°)=\begin{pmatrix}1/4&0&1/12&0\\0&1/6&1/12&0\\1/12&1/12&1/12&1/12\\0&0&1/12&0\end{pmatrix}$$

$$\mathbf{P}(1,45°)=\begin{pmatrix}2/9&1/18&0&0\\1/18&1/9&1/9&0\\0&1/9&2/9&1/18\\0&0&1/18&0\end{pmatrix}\qquad\mathbf{P}(1,135°)=\begin{pmatrix}1/9&1/18&1/6&0\\1/18&1/9&1/18&0\\1/6&1/18&0&1/9\\0&0&1/9&0\end{pmatrix}$$

Aus normalisierten Co-Occurrence-Matrizen lassen sich eine Reihe von Merkmalen ableiten, die für die Beschreibung der Matrizen herangezogen werden können (vgl. HARALICK, SHANMUGAM & DINSTEIN 1973; HARALICK & SHAPIRO 1992, S. 460). An dieser Stelle seien die folgenden vier kurz vorgestellt (vgl. auch ABMAYR 1994, S. 31 ff.):

1. Energie

$$M_1 = \sum_{i=1}^{k} \sum_{j=1}^{k} p_{ij}^2$$

Sie hängt mit der Varianz von $\{p_{11}, \ldots, p_{ij}, \ldots p_{kk}\}$ zusammen und ist ein Maß für die Homogenität des betrachteten Bildes. In einem homogenen Bild existieren kaum dominante Grauwertübergänge. Daher ist eine zugehörige Co-Occurrence-Matrix mit annähernd ähnlichen Werten c_{ij} bzw. p_{ij} gleichmäßig besetzt und folglich die Energie gering.

2. Kontrast l-ter Ordnung

$$M_2 = \sum_{i=1}^{k} \sum_{j=1}^{k} (|i - j|)^l p_{ij}, \; 1 \leq l \leq k$$

Der Kontrast ist ein Maß für die Größe der lokalen Variationen in einem Bild bzw. für das Trägheitsmoment der Co-Occurrence-Matrix entlang der Hauptdiagonalen. Ein homogenes Bild weist kaum lokale Variationen in den Grauwerten auf. Die Elemente einer zugehörigen Co-Occurrence-Matrix liegen daher im wesentlichen entlang der Hauptdiagonalen verteilt. Dies wiederum führt zu einem geringen Trägheitsmoment, da die Differenzen $(i - j)$ in der Nähe der Hauptdiagonalen kleiner sind.

3. Entropie

$$M_3 = -\sum_{i=1}^{k} \sum_{j=1}^{k} p_{ij} \log p_{ij}$$

Dieses Merkmal ist identisch mit dem Entropiemaß der Informationstheorie und daher ein Maß für den mittleren Informationsgehalt eines Bildes. Mit abnehmender Homogenität des Bildes sinkt auch die Entropie.

4. Korrelation

$$M_4 = \sum_{i=1}^{k} \sum_{j=1}^{k} \frac{(i-\mu)(j-\mu)p_{ij}}{\sigma^2}$$

wobei

$$\mu = \sum_{i=1}^{k} \sum_{j=1}^{k} i p_{ij} \quad \text{und} \quad \sigma^2 = \sum_{i=1}^{k} \sum_{j=1}^{k} (i-\mu)^2 p_{ij}$$

Die Korrelation gibt die Stärke des linearen Zusammenhangs zwischen den Grauwerten an. Sie ist um so höher, je niedriger der Kontrast ist.

Zur Veranschaulichung dieser vier Größen betrachte man Abbildung 26.

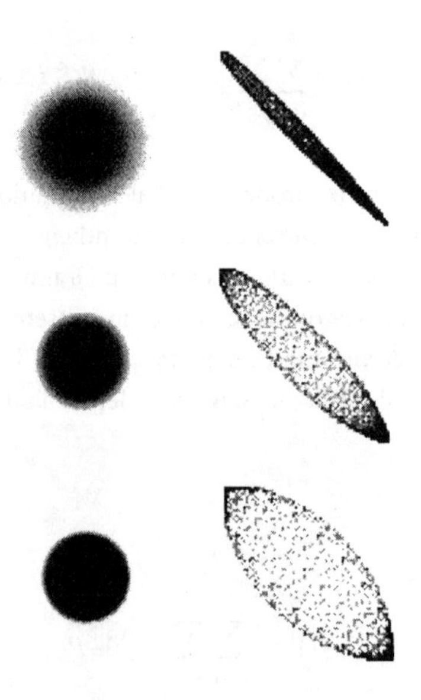

Abb. 26: Bild eines Kreisrings mit $k = 16$ Graustufen und unterschiedlichem Kontrast
Quelle: ABMAYR 1994, S. 32

Sie zeigt einen Kreisring mit von oben nach unten zunehmendem Kontrast. Rechts daneben sind die jeweils zugehörigen (1,45°)-Co-Occurrence-Matrizen graphisch dargestellt[6]. Je dunkler ein Pixel ist, desto größer ist die relative Häufigkeit an dieser Stelle der Matrix. Wie leicht zu erkennen, nimmt die Streuung der Werte um die Hauptdiagonale mit wachsendem Kontrast zu. Die jeweiligen Werte der obigen vier Co-Occurrence-Merkmale sind in Tabelle 2 dargestellt. Mit zunehmendem Bildkontrast werden die Werte für die Merkmale Energie und Kontrast größer, während sie für die Entropie und die Korrelation abnehmen.

Tab. 2: Co-Occurrence-Merkmale der Bilder aus Abbildung 26

Co-Occurrence-Merkmale	$Bild_{oben}$	$Bild_{mitte}$	$Bild_{unten}$
Energie	0,06	0,17	0,27
Kontrast (2. Ordnung)	8,48	16,69	47,61
Entropie	5,75	4,75	2,82
Korrelation	0,76	0,66	0,50

Quelle: ABMAYR 1994, S. 33

Co-Occurrence-Matrizen lassen sich - von den Bildrändern abgesehen - jedem Pixel eines Bildes zuordnen. Hierzu wird für ein gegebenes Pixel eine Umgebung etwa in Form eines quadratischen Fensters mit vorher festgelegter Größe definiert. In dieser so bestimmten Umgebung können dann die Grauwertübergänge in Abhängigkeit vom gewählten Abstand d und Winkel α ausgezählt werden. Aus der erstellten Co-Occurrence-Matrix lassen sich anschließend die Werte der gewünschten statistischen Merkmale berechnen und dem vorgegebenen Pixel zuordnen.

Führt man dieses Verfahren für alle in Frage kommenden Pixel eines Bildes durch, so liegen letztlich die Ausprägungen der aus einer Co-Occurrence-Matrix abgeleiteten Texturmerkmale für jeden Bildpunkt vor. Eine Klassifikation verschiedener Texturtypen auf Basis der einbezogenen Texturmerkmale bzw. eine Klassifikation verschiedener Objekttypen auf der Grundlage von spektralen und texturalen Merkmalen kann somit mit konventionellen bildpunktbezogenen Klassifikatoren durchgeführt werden.

[6] Da der abgebildete Kreisring symmetrisch ist, sind die Grauwertübergänge lediglich eine Funktion des Pixelabstandes. Eine explizite Angabe des Winkels wäre in diesem Beispiel also nicht notwendig.

Verschiedene Untersuchungen (z. B. HARALICK, SHANMUGAM & DINSTEIN 1973) haben gezeigt, daß sich die aus einer Co-Occurrence-Matrix berechneten statistischen Maße gut zur Beschreibung und Klassifikation von Texturen eignen. So kann es nicht überraschen, daß bei der Klassifikation von Texturen in der Regel nicht die ursprünglichen Co-Occurrence-Matrizen betrachtet werden, sondern aus ihnen abgeleitete Merkmale. Dennoch ist zu beachten, daß in diesem Fall die Zuweisung einer Textur in eine bestimmte Klasse nicht direkt durch die Co-Occurrence-Matrix bestimmt wird, sondern indirekt durch die sekundären, aus der Matrix abgeleiteten Merkmale.

Die Verwendung von abgeleiteten Merkmalen hat durchaus Vorteile. Zum einen lassen sich wesentliche Eigenschaften einer Co-Occurrence-Matrix mitunter gut mit abgeleiteten statistischen Größen beschreiben, so daß nicht stets die gesamte Matrix betrachtet werden muß. Zum anderen können abgeleitete Merkmale die räumlichen Beziehungen der Grauwerte zueinander auf eine Weise repräsentieren, die invariant gegenüber monotonen Grauwerttransformationen ist. Die folgenden beiden Co-Occurrence-Matrizen $\mathbf{C}_1$ und $\mathbf{C}_2$ beispielsweise sind zwar verschieden, dennoch weisen sie die gleichen Werte für die oben vorgestellten Merkmale Energie, Kontrast, Entropie und Korrelation auf:

$$\mathbf{C}_1 = \begin{pmatrix} 4 & 2 & 0 & 0 \\ 2 & 4 & 0 & 0 \\ 0 & 0 & 0 & 0 \\ 0 & 0 & 0 & 0 \end{pmatrix} \qquad \mathbf{C}_2 = \begin{pmatrix} 0 & 0 & 0 & 0 \\ 0 & 0 & 0 & 0 \\ 0 & 0 & 4 & 2 \\ 0 & 0 & 2 & 4 \end{pmatrix}$$

Somit werden z. B. zwei Waldgebiete, die bei homogenen Beleuchtungsverhältnissen die gleiche Oberflächen- bzw. Kronendachstruktur aufweisen, von den abgeleiteten Merkmalen auch dann als gleich oder zumindest ähnlich charakterisiert, wenn - vereinfacht ausgedrückt - das eine Gebiet in der Sonne, das andere dagegen im Schatten liegt.

Trotz dieser im Regelfall gewünschten Eigenschaft von abgeleiteten Größen ist deren Erzeugung aber mit einer nicht unerheblichen Informationsreduktion verbunden. Denn jede Co-Occurrence-Matrix beinhaltet zwangsläufig mehr Informationen über den räumlichen Zusammenhang der betrachteten Pixel als aus ihr abgeleitete Größen. Auch wenn abgeleitete Merkmale zu ähnlichen Klassifikationsergebnissen führen können wie die ursprünglichen Grauwertübergangswahrscheinlichkeiten (vgl. WESZKA, DYER & ROSENFELD 1976), so ist die Verwendung von abgeleiteten Merkmalen letztlich nur suboptimal gegenüber der Benutzung von Ausgangshäufigkeiten (VICKERS & MODESTINO 1982; GONG & HOWARTH 1992b). Es erscheint also sinnvoller, anstelle der abgeleiteten Merkmale die ursprüngliche Co-Occurrence-Matrix als Merkmal zur Beschreibung bzw. Klassifikation der Bildtextur heranzuziehen, da dann erheblich mehr Informationen über die räumliche Anordnung der Pixel eingehen.

Neben dem größeren Informationsgehalt spricht auch der geringere Rechenaufwand für die direkte Verwendung von Co-Occurrence-Matrizen. So müssen zur Laufzeit für die Erstellung der einzelnen Matrizen lediglich die paarweisen Pixelinteraktionen ausgezählt werden. Dagegen kommt bei der Verwendung von abgeleiteten Größen jeweils noch deren Berechnung hinzu, was recht zeitaufwendig sein kann.

Aufgrund dieser Vorzüge der Co-Occurrence-Matrizen gegenüber den sekundären Merkmalen schlagen beispielsweise INOUE u. a. (1993) die direkte Verwendung von Co-Occurrence-Matrizen bei der Bildklassifikation vor. Folgt man dieser Empfehlung, ist die nachfolgende Klassifikation eines Bildes mit traditionellen statistischen Klassifikatoren allerdings problematisch. Denn in diesem Fall liegt für jeden Bildpunkt bezüglich des Co-Occurrence-Merkmals ja nicht ein einzelner Wert, sondern eine Matrix vor.

4.2.3 Probleme bei der Verarbeitung von Co-Occurrence-Matrizen

Um statistische Klassifikatoren anwenden zu können, muß man die Co-Occurrence-Matrix als Vektor auffassen, dessen Komponenten jeweils genau einem Element der Matrix entsprechen. Jedes Element der Co-Occurrence-Matrix stellt damit ein eigenes Merkmal dar. D. h., das Matrixelement in Zeile i und Spalte j erzeugt das Merkmal „Grauwertübergang von i nach j".

Sei im folgenden ein beliebiges einkanaliges Bild betrachtet. Berücksichtigt man keine weiteren Merkmale als die Grauwertübergänge und ist k die Anzahl der im Bild vorkommenden Graustufen, dann stellt jeder Bildpunkt einen (k x k)-dimensionalen Merkmalsvektor in einem (k x k)-dimensionalen Merkmalsraum dar. Auch wenn man die Symmetrie einer Co-Occurrence-Matrix ausnutzt und lediglich die obere bzw. untere Dreiecksmatrix betrachtet, beträgt die Dimension des Vektorraums immerhin noch

$$\frac{k^2 + k}{2}.$$

Bei lediglich $k = 10$ Graustufen ergeben sich so aus der Co-Occurrence-Matrix bereits 55 Merkmale, die etwa bei einer standardmäßigen Maximum-Likelihood-Klassifikation einzubeziehen wären. Schon dies ist eine Zahl, die weit jenseits praktischer Anwendbarkeit liegt. Berücksichtigt man ferner, daß Co-Occurrence-Matrizen immer nur für einen Kanal, nicht aber für mehrere Kanäle eines Bildes gleichzeitig berechnet werden können, so steigt die Anzahl der Merkmale bei n-kanaligen Szenen sogar auf

$$\frac{n\left(k^2+k\right)}{2},$$

sofern die Menge der vorkommenden Grauwerte in jedem Kanal die gleiche ist. Im Falle von $k = 10$ identischen Graustufen in $n = 3$ Kanälen beträgt der Wert somit

$$\frac{3\left(10^2+10\right)}{2}=165.$$

Sollen also in die Klassifikation von Objekten Textureigenschaften direkt in Form von Co-Occurrence-Matrizen einfließen, so ist es sinnvoller, statt herkömmlicher statistischer Verfahren Methoden zu verwenden, welche die explizite Benutzung von zweidimensionalen Datenstrukturen gestatten.

Eine derartige Möglichkeit bieten neuronale Netze, da sich jedes Element einer Matrix problemlos jeweils einem Eingabeneuron zuordnen läßt. In obigem Beispiel mit $k = 10$ Graustufen und $n = 3$ Kanälen wären also 165 Neuronen in der Eingabeschicht des Netzes erforderlich, eine Anzahl, mit der eine Weiterverarbeitung - etwa im Hinblick auf die benötigte Trainingszeit des Netzes - problemlos möglich ist[7].

Aus den bisherigen Erläuterungen zu Co-Occurrence-Matrizen lassen sich zwei Schlüsse im Hinblick auf die weitere Verarbeitung dieser Matrizen für Klassifikationszwecke ziehen:

1. Die direkte Verwendung einer Co-Occurrence-Matrix ist aus informations- und rechentechnischen Gründen sinnvoller als die Benutzung von abgeleiteten Merkmalen.

2. Für die Weiterverarbeitung von Co-Occurrence-Matrizen sind neuronale Netze besser geeignet als statistische Klassifikatoren, da sie einfacher mit zweidimensionalen Datenstrukturen umgehen können.

---

[7] Diese Berechnung - wie auch die folgenden - unterstellt, daß die einzelnen Elemente der Co-Occurrence-Matrix als Dezimalwerte in die Eingabeschicht des neuronalen Netzes eingehen können. Erlaubt dagegen der verwendete Netztyp nur binäre Eingabevektoren, müssen die Grauwertübergänge zuvor noch in binäre Werte umgewandelt werden. Dies vervielfacht natürlich die Anzahl der benötigten Eingabeneuronen. Bei dem in dieser Arbeit zum Einsatz kommenden ATL-Netz allerdings können die Eingabevektoren sogar reellwertige Elemente enthalten, so daß sich das Problem der Umwandlung hier nicht stellt.

Dennoch ist auch die Kombination von Co-Occurrence-Matrizen mit neuronalen Netzen mit Problemen behaftet. So wurde in den obigen Beispielen von lediglich k = 10 Graustufen pro Kanal bzw. Bild ausgegangen. Dies ist natürlich ein unrealistisch niedriger Wert, auch wenn man unterstellt, daß sich der ursprüngliche Grauwertumfang von z. B. 8 bit = 256 Graustufen durch eine geeignete Reklassifizierung ohne wesentlichen Informationsverlust reduzieren läßt. In der Regel benötigt man eine Grauwertdynamik von 32 bis 64 Stufen, um eine ausreichende Objektdifferenzierung sicherzustellen (ABMAYR 1994, S. 268). Für k = 48 Grauwerte ergeben sich bei einer einkanaligen Szene

$$\frac{48^2 + 48}{2} = 1.176$$

Eingabeneuronen. Da Co-Occurrence-Matrizen zudem für jeden Kanal separat berechnet werden müssen, erhöht sich die Zahl der benötigten Eingabeneuronen bei n = 3 Kanälen und k = 48 Grauwerte pro Kanal (die gleichen für jeden Kanal) auf

$$\frac{3\left(48^2 + 48\right)}{2} = 3.528\,.$$

Ein derartiger Wert führt zu einem neuronalen Netz, dessen Dimensionierung die Speicher- und Rechenkapazitäten eines PCs bei weitem übersteigt.

Im folgenden sei als maximale Obergrenze für die Anzahl der Eingabeneuronen ein Wert von 220 festgesetzt. Der Wert ist willkürlich festgelegt, hat sich aber in verschiedenen vorab durchgeführten Tests im Hinblick auf die benötigte Trainingszeit des später noch vorgestellten ATL-Netzes (vgl. Kap. 4.3) als praktikable Obergrenze erwiesen. Bei n = 2 Kanälen können so nach obiger Formel nur maximal 14, bei n = 3 Kanälen sogar nur maximal 11 Graustufen verarbeitet werden.

Das erste zu lösende Problem bei der gemeinsamen Verwendung von Co-Occurrence-Matrizen und neuronalen Netzen lautet also:

Wie können die in den verschieden Kanälen eines *n*-kanaligen Bildes vorliegenden spektralen Informationen so reduziert werden, daß einerseits kein wesentlicher Informationsverlust auftritt, andererseits aber die Dimension der Co-Occurrence-Matrix und damit des neuronalen Eingabevektors rechentechnisch handhabbar bleibt?

Ein weiteres Problem bei der Verarbeitung von Co-Occurrence-Matrizen stellt der bei den bisherigen Betrachtungen weitgehend ausgeklammerte Umstand dar, daß es für ein gegebenes Pixel und einen gegebenen Grauwertumfang k nicht nur eine einzige, sondern beliebig viele Co-Occurrence-Matrizen gibt. Denn eine Co-Occurrence-Matrix ist eine Funktion des betrachteten Abstandes d und des Winkels α. Ist m die Anzahl der untersuchten Abstände und l die Anzahl der betrachteten Winkel, dann ergibt sich die benötigte Zahl von Eingabeneuronen zu

$$\frac{lmn\left(k^2+k\right)}{2}.$$

Beschränkt man sich bei festem Abstand d auf die Betrachtung nur zweier Winkel, d. h. nur zweier Co-Occurrence-Matrizen - beispielsweise die Standard-Matrizen $\mathbf{C}(1,0°)$ und $\mathbf{C}(1,90°)$ -, wächst die Anzahl der benötigten Eingabeneuronen bei $n = 3$ Kanälen und $k = 11$ Graustufen demnach auf

$$3\left(11^2+11\right)=396.$$

Bei einer oberen Grenze von 220 Eingabeneuronen könnten dann nur noch $k = 8$ Graustufen berücksichtigt werden.

Die nächste zu beantwortende Frage für den praktischen Einsatz von Co-Occurrence-Matrizen heißt daher:

Wie läßt sich die Anzahl der zu einem gegebenen Pixel möglichen Co-Occurrence-Matrizen so reduzieren, daß letztlich für jedes Pixel möglichst nur eine einzige Co-Occurrence-Matrix vorliegt und dennoch die Bildstruktur ausreichend genau differenziert werden kann?

Ein weiteres zu lösendes Problem hängt mit der wesentlichen Schwäche des Co-Occurrence-Ansatzes zusammen. Sie besteht darin, daß für die Charakterisierung einer Textur Aspekte der Form und Fläche der die Textur erzeugenden Grundtexturflächen keine Berücksichtigung finden (HARALICK & SHAPIRO 1992, S. 459). Dies stellt kein Problem dar, solange die Grundtexturen lediglich aus wenigen Pixeln verschiedener Grauwerte bestehen. In diesem Fall lassen sich die räumlichen Beziehungen der Pixelwerte zueinander gut durch die Auszählung von Grauwertübergängen beschreiben. Setzen sich die Texturen aber aus großflächigen, d. h. aus vielen Pixeln bestehenden Grundtexturtypen zusammen, sind Co-Occurrence-Matrizen zur Erfassung der räumlichen Beziehungen nicht mehr geeignet. Die folgenden Abbildungen mögen dieses Problem veranschaulichen.

Abbildung 27a zeigt eine Textur - zur Vereinfachung rein strukturell -, welche aus der Grundtexturfläche

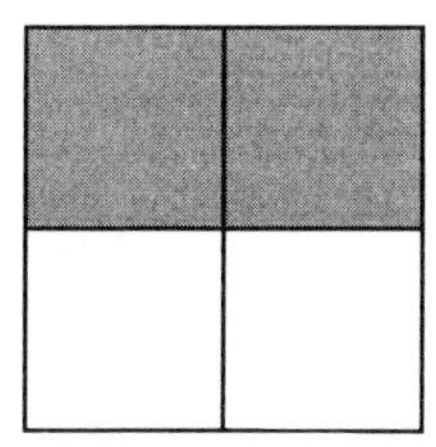

erzeugt wird; die Basis für die in Abbildung 27b dargestellte Textur bildet die Grundtexturfläche

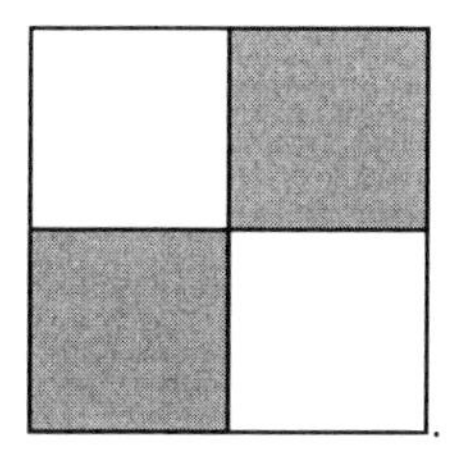.

Die zugehörigen (1,0°)-Co-Occurrence-Matrizen lauten

$$\mathbf{C}_a(1,0°) = \begin{pmatrix} 12 & 0 \\ 0 & 12 \end{pmatrix} \quad \text{und} \quad \mathbf{C}_b(1,0°) = \begin{pmatrix} 0 & 12 \\ 12 & 0 \end{pmatrix},$$

die normalisierten (1,0°)-Co-Occurrence-Matrizen demnach

$$\mathbf{P}_a(1,0°) = \begin{pmatrix} 1/2 & 0 \\ 0 & 1/2 \end{pmatrix} \quad \text{und} \quad \mathbf{P}_b(1,0°) = \begin{pmatrix} 0 & 1/2 \\ 1/2 & 0 \end{pmatrix}.$$

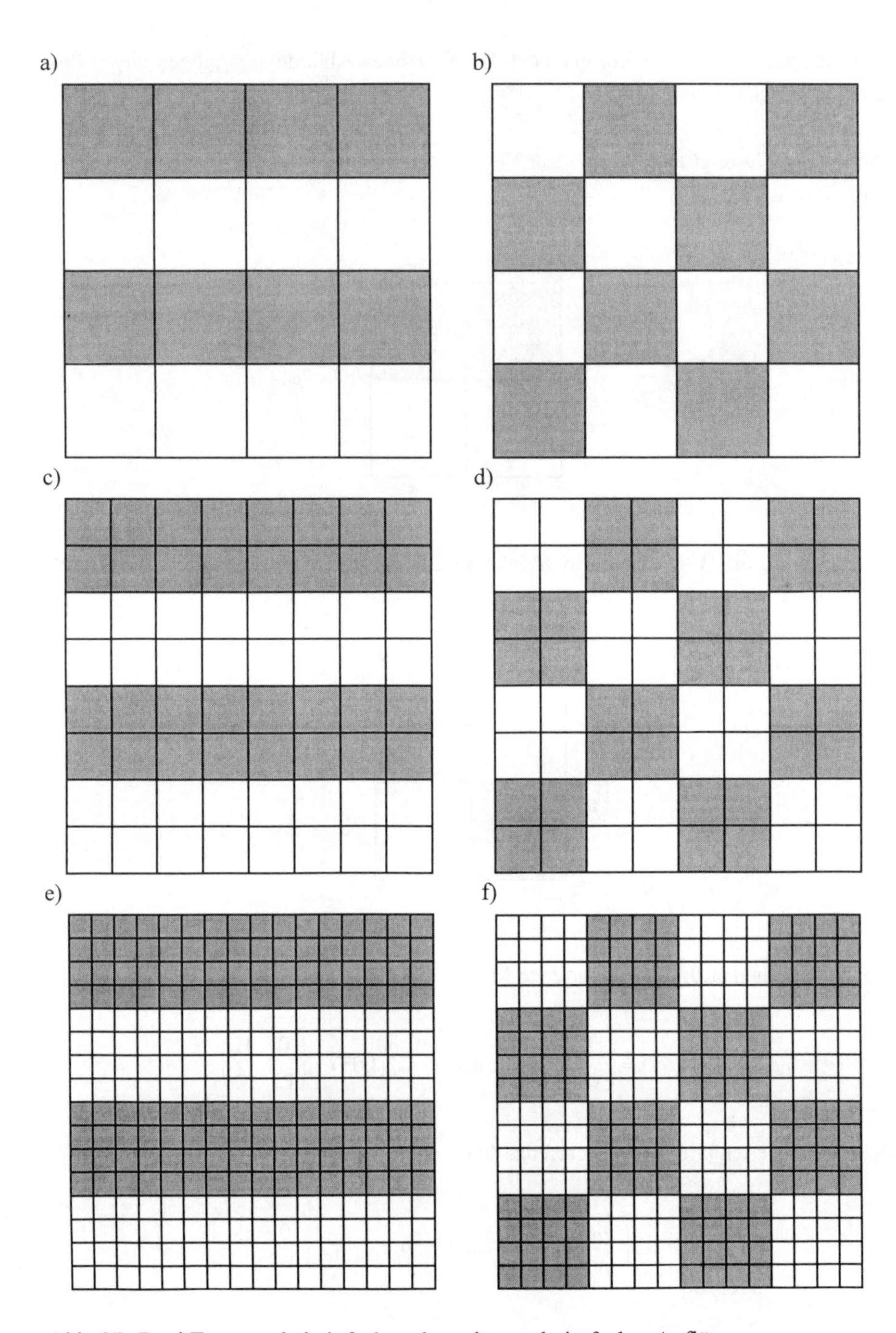

Abb. 27: Zwei Texturen bei einfacher, doppelter und vierfacher Auflösung

Der Kontrast M_{2a} bzw. M_{2b} errechnet sich zu

$$M_{2a} = \sum_{i=1}^{2} \sum_{j=1}^{2} (i-j)^2 p_{ij} = 0 \text{ bzw. } M_{2b} = 1 .$$

Im folgenden sei unterstellt, daß die Ausgangsflächen in Abbildung 27a und 27b homogen sind. Bei Vergrößerung der Bildauflösung sollen also keine neuen Details zum Vorschein kommen.

Verdoppelt bzw. vervierfacht man nun die Auflösung (Abb. 27c und 27d bzw. 27e und 27f), so ergeben sich die absoluten (1,0°)-Co-Occurrence-Matrizen

$$\mathbf{C}_c(1,0^\circ) = \begin{pmatrix} 56 & 0 \\ 0 & 56 \end{pmatrix},\ \mathbf{C}_d(1,0^\circ) = \begin{pmatrix} 32 & 24 \\ 24 & 32 \end{pmatrix},$$

$$\mathbf{C}_e(1,0^\circ) = \begin{pmatrix} 240 & 0 \\ 0 & 240 \end{pmatrix},\ \mathbf{C}_f(1,0^\circ) = \begin{pmatrix} 192 & 48 \\ 48 & 192 \end{pmatrix}$$

und die zugehörigen normalisierten Matrizen

$$\mathbf{P}_c(1,0^\circ) = \begin{pmatrix} 1/2 & 0 \\ 0 & 1/2 \end{pmatrix},\ \mathbf{P}_d(1,0^\circ) = \begin{pmatrix} 2/7 & 3/14 \\ 3/14 & 2/7 \end{pmatrix},$$

$$\mathbf{P}_e(1,0^\circ) = \begin{pmatrix} 1/2 & 0 \\ 0 & 1/2 \end{pmatrix},\ \mathbf{P}_f(1,0^\circ) = \begin{pmatrix} 2/5 & 1/10 \\ 1/10 & 2/5 \end{pmatrix}.$$

Die entsprechenden Werte für den Kontrast lauten

$$M_{2c} = M_{2e} = 0 = M_{2a},\ M_{1d} = 0{,}43 \text{ und } M_{1f} = 0{,}20 .$$

Zwei Ergebnisse lassen sich festhalten:

1. Der Kontrast eines Bildes nimmt mit zunehmender Auflösung in der Regel ab. Die einzige Ausnahme bildet der in den Abbildungen 27a, c und e gezeigte Fall, daß die Betrachtungsrichtung der Grauwertübergänge (hier 0°) exakt mit der Orientierung

der Textur (hier horizontal) übereinstimmt. Dann bleibt der Kontrast - und auch die Werte aller anderen ableitbaren Merkmale wie Energie, Entropie oder Korrelation - stets konstant.

2. Mit wachsender Auflösung wird - und dies ist das eigentliche Problem - auch der Unterschied in den normalisierten Matrizen und damit auch in den aus ihr abgeleiteten Merkmalen zwischen den beiden Texturen immer geringer. Augenscheinlich nähern sich die Elemente der Hauptdiagonalen dem Wert $\frac{1}{2}$, die Elemente außerhalb der Diagonalen dem Wert 0 an. Denn die Werte der Hauptdiagonalelemente in der absoluten Co-Occurrence-Matrix wachsen offenbar quadratisch, die der Elemente außerhalb der Diagonalen dagegen nur linear.

Diese Befunde motivieren zu folgendem

Satz: Gegeben sei ein beliebiges nicht-leeres Bild mit homogenen Pixeln und k Graustufen, $k \geq 1$, sowie eine zugehörige k x k-(d, α)-Co-Occurrence-Matrix, wobei d der Abstand in Pixeln ist mit $d \in \{1, 2, 3, ...\}$ und α der Betrachtungswinkel mit $0° \leq \alpha < 180°$. Es sei m die Bildauflösung mit $m \in \{1, 2, 3, ...\}$, wobei für die Auflösung des Ursprungsbildes gelte $m = 1$. Ferner bezeichne $c(m, d, \alpha, i, j)$ die absolute Häufigkeit, $p(m, d, \alpha, i, j)$ die relative Häufigkeit der Grauwertübergänge eines Pixels mit dem Wert i, $1 \leq i \leq k$, zu einem Pixel mit dem Wert j, $1 \leq j \leq k$. Dabei seien d und α so gewählt, daß gilt: $\exists_{i,j}\left(c(m,d,\alpha,i,j) \neq 0\right)$. Außerdem sei $\Delta(i) \in \{1, 2, 3, ...\}$ ein Korrekturwert.

Dann nähern sich mit zunehmender Auflösung, d. h. mit wachsendem m, die relativen Häufigkeiten der Diagonalelemente $p(m, d, \alpha, i, i)$ jeweils dem Wert

$$\frac{c(1,1,\alpha,i,i) - \Delta(i)}{\sum_{i=1}^{k} c(1,1,\alpha,i,i) - \sum_{i=1}^{k} \Delta(i)},$$

die relativen Häufigkeiten der übrigen Matrixelemente $p(m, d, \alpha, i, j)$ dem Wert 0 an. Es gilt also

$$\lim_{m\to\infty} p(m,d,\alpha,i,i) = \frac{c(1,1,\alpha,i,i)-\Delta(i)}{\sum_{i=1}^{k} c(1,1,\alpha,i,i) - \sum_{i=1}^{k}\Delta(i)}.$$

und

$$\lim_{m\to\infty} p(m,d,\alpha,i,j) = 0 \text{ für } i \neq j.$$

Beweis: siehe Anhang B.

Betrachtet man also zwei verschiedene Bilder mit homogenen Pixeln, welche jeweils einen bestimmten festen Ausschnitt der Erdoberfläche abdecken, so folgt aus dem Satz, daß je höher die Auflösung der Bilder ist, desto geringer werden die Unterschiede zwischen den zugehörigen Co-Occurrence-Matrizen und damit auch zwischen den aus ihnen abgeleiteten Merkmalen. Eine Differenzierung zwischen den beiden Bildern gemäß ihrer Co-Occurrence-Matrizen wird mit wachsender Auflösung somit zunehmend schwieriger. Und dies, obwohl man die Bilder auf jeder Auflösungsstufe visuell eigentlich als vollkommen unterschiedlich interpretieren würde. „Übersetzt" man etwa das in Abbildung 27a gezeigte Muster als - stark idealisierte - Kronendachstruktur eines Aufforstungsgebietes, das in Abbildung 27b dargestellte Muster dagegen als natürlichen Baumbestand, so ergeben sich zwei Objekte, die auf jeder Auflösungsstufe jeweils die gleiche, voneinander aber grundsätzlich verschiedene Bedeutung haben. Der standardmäßige Co-Occurrence-Ansatz jedoch erschwert mit zunehmender Auflösung eine Differenzierung zwischen diesen Flächen.

Das dritte zu lösende Problem in Bezug auf Co-Occurrence-Matrizen lautet also:

Wie können Co-Occurrence-Matrizen so modifiziert werden, daß sich mit ihrer Hilfe auf jeder Auflösungsstufe komplexe Objekte differenzieren lassen?

Hat man dieses Probleme gelöst, so bleibt noch eine Frage offen. Sie betrifft das Ergebnis der Bestimmung von raumbezogenen absoluten wie auch relativen Häufigkeiten ganz allgemein:

Welche Größe und Form soll das Fenster, d. h. der Kartenausschnitt aufweisen, aus dem man die Elemente der modifizierten Co-Occurrence-Matrix bestimmt?

Es ist klar, daß insbesondere die Größe des Fensters, welches Pixel für Pixel über das Gesamtbild verschoben wird, das Ergebnis der Auszählung maßgeblich beeinflußt.

Wählt man einen zu kleinen Ausschnitt, fließen für eine adäquate Charakterisierung der Landnutzung nicht genügend räumliche Informationen in die Häufigkeitstabelle ein. Entscheidet man sich für ein zu großes Fenster, werden womöglich zu viele Informationen von anderen benachbarten Landnutzungstypen berücksichtigt (GONG & HOWARTH 1992b).

Im folgenden werden die vier aufgeworfenen Fragen nun beantwortet.

4.2.4 Vorgeschlagene Lösungen für die Probleme

Die erste Frage lautete:

Wie können die in den verschieden Kanälen eines *n*-kanaligen Bildes vorliegenden spektralen Informationen so reduziert werden, daß einerseits kein wesentlicher Informationsverlust auftritt, andererseits aber die Dimension der Co-Occurrence-Matrix und damit des neuronalen Eingabevektors rechentechnisch handhabbar bleibt?

Die wohl naheliegendste Antwort auf diese Frage ist, die benötigte Datenreduktion mittels einer Hauptkomponentenanalyse über die *n* Kanäle durchzuführen. In der Tat kann man etwa bei 7-kanaligen Landsat TM-Szenen davon ausgehen, daß häufig bereits die ersten drei, manchmal sogar schon die ersten beiden Hauptkomponenten mehr als 95 % der im Datensatz enthaltenen Varianz erklären. Setzt man als Obergrenze für die Anzahl der Eingabeneuronen wie gehabt 220 an, erlaubt eine derartige Reduktion - bei festem Abstand d und Winkel α - dennoch lediglich 11 bzw. 14 Wertestufen pro Hauptkomponente, also Anzahlen, die für praktische Belange in der Regel zu niedrig sind. Reduziert man den Datensatz auf eine einzige Hauptkomponente, so ergibt dies auch nur 20 mögliche Stufen. Zudem werden dann noch nicht einmal genügend spektrale Informationen berücksichtigt. Denn die Kanäle des sichtbaren Lichts und des Infrarots lassen sich, da sie gewöhnlich nicht miteinander korrelieren, zusammen nur durch mindestens zwei Komponenten adäquat repräsentieren.

Neben bzw. anstelle der Generierung von Hauptkomponenten muß daher noch eine weitere Vorverarbeitung der spektralen Informationen erfolgen, um die Daten eines *n*-kanaligen Bildes sinnvoll zu reduzieren.

Hierzu wird in dieser Arbeit eine unüberwachte Klassifikation vorgeschlagen, wie sie etwa die ISODATA-Methode leistet (vgl. Kap. 2.2.2). Dieses Verfahren liefert auf der Basis von *n* Spektralkanälen und einer rein pixelbezogenen Analyse eine Klassifikation der Landbedeckung nach ausschließlich spektralen Gesichtspunkten. Jedes Pixel des klassifizierten, nun natürlich einkanaligen Bildes weist den Wert jener Klasse auf, zu der es zugeordnet wurde.

Stellt man für die Pixel des klassifizierten Bildes Co-Occurrence-Matrizen auf, so enthalten diese nicht mehr Häufigkeiten von spektralen Grauwertübergängen, sondern Übergangshäufigkeiten von einer Landbedeckungskategorien in eine andere. Der entscheidende Vorteil dabei ist, daß statt Grauwertstufen nun Landbedeckungsklassen betrachtet werden. Sind 20 Grauwertstufen für eine sinnvolle Bilddifferenzierung häufig nicht genug, reichen 20 zur Verfügung stehende Landbedeckungsstufen in der Regel aus, um die meisten der in einem Luft- oder Satellitenbild vorkommenden Landbedeckungsarten abzudecken.

Die zweite Frage lautete:

Wie läßt sich die Anzahl der zu einem gegebenen Pixel möglichen Co-Occurrence-Matrizen so reduzieren, daß letztlich für jedes Pixel möglichst nur eine einzige Co-Occurrence-Matrix vorliegt und dennoch die Bildstruktur ausreichend genau differenziert werden kann?

Ein mögliches, schon von HARALICK, SHANMUGAM & DINSTEIN (1973) vorgeschlagenes Vorgehen besteht darin, die Häufigkeiten der Grauwertübergänge von verschiedenen Richtungen zu mitteln. Damit ist allerdings die Aufgabe der richtungsabhängigen Betrachtung verbunden. Texturen, die sich durch eine bestimmte Orientierung von anderen Texturen abheben, können so mitunter nur noch schwierig abgegrenzt werden. Da in dieser Arbeit durch die ISODATA-Vorklassifikation aber bereits ein klassifiziertes Bild vorliegt, kommt der Richtungsabhängigkeit keine wesentliche Bedeutung mehr zu. Es wäre daher problemlos möglich, einen Durchschnitt z. B. aus den Ergebnissen der horizontalen Analyse mit denen der vertikalen zu bilden. In dieser Arbeit wird allerdings - im Hinblick auf die Beantwortung der dritten Frage - ein anderer Weg beschritten. Und zwar werden die Übergänge in horizontaler und vertikaler Richtung gemeinsam betrachtet, d. h. die jeweiligen Anzahlen aufsummiert. Zur Verdeutlichung sei hier das schon in Kapitel 4.2.2 benutzte 4 x 4-Raster mit $k = 4$ Stufen noch einmal dargestellt:

0	0	1	1
0	0	1	1
0	2	2	2
2	2	3	3

mit

$$\mathbf{C}(1{,}0^\circ) = \begin{pmatrix} 4 & 2 & 1 & 0 \\ 2 & 4 & 0 & 0 \\ 1 & 0 & 6 & 1 \\ 0 & 0 & 1 & 2 \end{pmatrix} \qquad \mathbf{C}(1{,}90^\circ) = \begin{pmatrix} 6 & 0 & 2 & 0 \\ 0 & 4 & 2 & 0 \\ 2 & 2 & 2 & 2 \\ 0 & 0 & 2 & 0 \end{pmatrix}$$

Dann ist

$$\mathbf{C}(1{,}0^\circ \circ 90^\circ) := \mathbf{C}(1{,}0^\circ) + \mathbf{C}(1{,}90^\circ) = \begin{pmatrix} 10 & 2 & 3 & 0 \\ 2 & 8 & 2 & 0 \\ 3 & 2 & 8 & 3 \\ 0 & 0 & 3 & 2 \end{pmatrix}.$$

Die zugehörige normalisierte Co-Occurrence-Matrix

$$\mathbf{P}(1{,}0^\circ \circ 90^\circ) = \begin{pmatrix} 5/24 & 1/24 & 1/16 & 0 \\ 1/24 & 1/6 & 1/24 & 0 \\ 1/16 & 1/24 & 1/6 & 1/16 \\ 0 & 0 & 1/16 & 1/24 \end{pmatrix}$$

gibt also die relative Häufigkeit an, mit der ein Pixel mit dem Wert i unmittelbar horizontal oder unmittelbar vertikal neben einem Pixel mit dem Wert j liegt.

Bislang wurde bei der Auszählung der Grauwertübergänge ausschließlich ein Abstand von $d = 1$ zugrunde gelegt. In der Tat beschränkt man sich beim praktischen Einsatz von Co-Occurrence-Matrizen meist auf diesen einzigen Wert. Er wird daher auch in dieser Arbeit im weiteren Verlauf beibehalten.

Der Sinn der aufgezeigten Vorgehensweise wird bei der Beantwortung der nächsten Frage deutlich:

Wie können Co-Occurrence-Matrizen so modifiziert werden, daß sich mit ihrer Hilfe auf jeder Auflösungsstufe komplexe Objekte differenzieren lassen?

Es ist nach dem bisher Dargelegten klar, daß man sich hierzu von der Ebene Pixel lösen und zu allgemeinen Flächen- oder Regionenbetrachtungen übergehen muß. Dennoch scheint die gestellte Aufgabe auf den ersten Blick leicht lösbar zu sein. Nämlich dadurch, daß man anstelle der Auszählung von Grauwertübergängen nun einfach in dem bereits vorklassifizierten Bild die Anzahl der Übergänge von einer Klasse zur einer anderen auszählt. Man könnte also eine modifizierte Co-Occurrence-Matrix aufstellen, welche die absolute bzw. relative Häufigkeit angibt, mit der eine Fläche mit der Landbedeckung i an eine Fläche mit der Landbedeckung j angrenzt. Dies ist jedoch kein befriedigender Weg, wie die Abbildungen 28 und 29 verdeutlichen.

Eine auf einer reinen Auszählung der Klassenübergänge beruhende regionenbasierte Co-Occurrence-Matrix *RBC* würde sowohl für das in Abbildung 28 gezeigte zusammengesetzte Objekt - z. B. ein großer Parkplatz mit angrenzender Grünanlage vor einem Einkaufszentrum - als auch für das in Abbildung 29 dargestellte Objekt - z. B. ein Garten mit Besucherparkplatz - identische Ergebnisse liefern, da in beiden Bildern jede Klasse an jede andere Klasse angrenzt:

$$RBC_{Parkplatz} = RBC_{Garten} = \begin{pmatrix} 0 & 1 & 1 \\ 1 & 0 & 1 \\ 1 & 1 & 0 \end{pmatrix}$$

Eine Differenzierung zwischen diesen beiden völlig verschiedenen Objekte wäre damit nicht möglich.

Natürlich kann man auch komplexere Merkmale ableiten, um die räumlichen Beziehungen der einzelnen Flächen untereinander zu charakterisieren, und deren Ausprägungen entsprechend auszählen. Solche generalisierten Co-Occurrence-Matrizen stellen etwa DAVIS, JOHNS & AGGARWAL (1979) und HARALICK & SHAPIRO (1992, S. 462 ff.) vor. Hier soll aber ein Weg vorgeschlagen werden, der sich ganz von einer Auszählung von Merkmalsausprägungen löst. Dieser Ansatz versucht, das Ausmaß räumlicher Interaktion zweier benachbarter Flächen ganz konkret durch eine Maßzahl zu erfassen.

Betrachtet werden dafür anstelle der Anzahlen der Klassenübergänge die Längen der Grenzlinien zwischen aneinandergrenzenden Flächen mit unterschiedlicher Klassenzugehörigkeit. In Abbildung 28 beträgt etwa die Länge der gemeinsamen Grenze zwischen „Grünanlage" und „Umgebung" 4, in Abbildung 29 dagegen 28. Die regionenbasierte Co-Occurrence-Matrix für die Abbildung 28 lautet nun

$$RBC_{Parkplatz} = \begin{pmatrix} 0 & 4 & 4 \\ 4 & 0 & 28 \\ 4 & 28 & 0 \end{pmatrix},$$

für Abbildung 29 hingegen

$$RBC_{Garten} = \begin{pmatrix} 0 & 4 & 28 \\ 4 & 0 & 4 \\ 28 & 4 & 0 \end{pmatrix}.$$

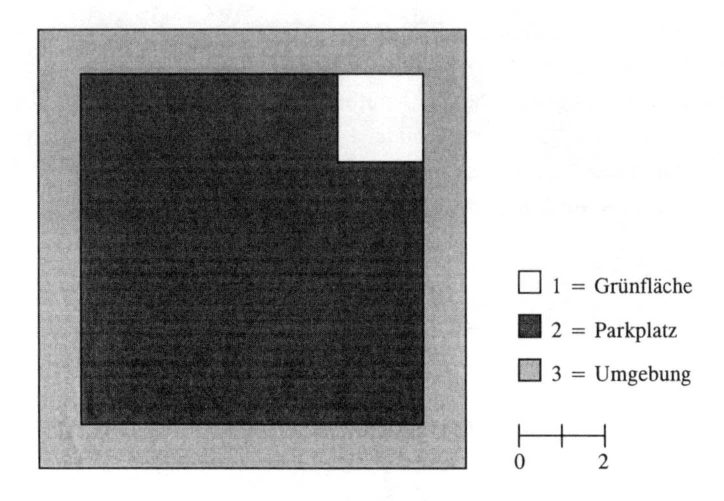

Abb. 28: Schematisiertes Beispiel für einen großen Parkplatz

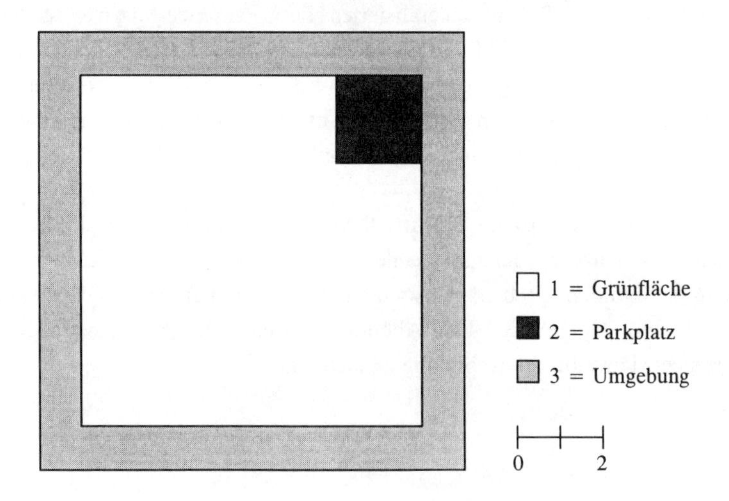

Abb. 29: Schematisiertes Beispiel für einen Garten mit angrenzendem Besucherparkplatz

Ein Element *RBC*(i, j) gibt jetzt also die Gesamtlänge in Einheiten eines übergeordneten, von der konkreten Bildauflösung unabhängigen Bezugssystems an, mit der im betrachteten Bildausschnitt Flächen des Klassenwertes i neben Flächen des Klassenwertes j liegen. Damit ergeben sich z. B. für die in Abbildung 27 dargestellten Texturen auf jeder Auflösungsstufe stets die gleichen regionenbasierten Co-Occurrence-Matrizen:

$$RBC_a = RBC_c = RBC_e = \begin{pmatrix} 0 & 12 \\ 12 & 0 \end{pmatrix}$$

bzw.

$$RBC_b = RBC_d = RBC_f = \begin{pmatrix} 0 & 24 \\ 24 & 0 \end{pmatrix},$$

wobei die Matrixelemente die jeweiligen Grenzlängen in Pixeleinheiten der Ausgangsbilder (Abb. 27a und b) darstellen.

Wesentliches Kennzeichen der geschilderten Vorgehensweise ist der Umstand, daß die Grenzlinien beliebige Polygonzüge darstellen können. Somit kann durch einen derartigen Ansatz die räumliche Struktur einer beliebigen thematischen Karte beschrieben werden. Und dies nicht durch die Angabe eines integrativen Index zur Kartenkomplexität (für verschiedene derartige Maße vgl. z. B. MONMONIER 1974; MÜLLER 1975), sondern durch die explizite Angabe der jeweiligen Grenzlänge, die eine Klasse i mit jeder anderen in der Karte vorkommenden Klasse gemeinsam hat.

Die Fähigkeit des Ansatzes, auch Karten zu charakterisieren und zu klassifizieren, die im Vektorformat vorliegen, rechtfertigt es, ihn als polygonbasiertes Verfahren zu bezeichnen. Im folgenden wird daher der Begriff „polygonbasierte Co-Occurrence-Matrix“ - kurz: PCM - verwendet und in einen allgemeinen Zusammenhang mit Karten gestellt. Gleichwohl umfaßt diese Sichtweise auch Rasterdaten, für die sich die jeweiligen Grenzlängen zwischen Regionen unterschiedlichen Typs in Pixeleinheiten bzw. - nach einer Vektorisierung der Rasterkarte - als entsprechende Längen von Polygonzügen ausdrücken lassen.

Zu beachten ist, daß die Diagonalelemente einer PCM normalerweise gleich Null sind. Denn zwei zusammenhängende Flächen, welche den gleichen Klassenwert aufweisen, werden automatisch als eine einzige Fläche behandelt. Unter Umständen kann es aber wünschenswert sein, Flächen gleichen Wertes zu zerschneiden. So etwa dann, wenn man administrative Abgrenzungen modellieren möchte. In diesen Fällen können sich auch in den Diagonalelementen Werte größer Null ergeben. Führt man diese Abgrenzung bis auf die Ebene einzelner Pixel durch, so liefert dieses Vorgehen wieder die $\mathbf{C}(1,0°\circ 90°)$-Co-Occurrence-Matrizen.

PCMs unterscheiden sich also bei Anwendung auf Rasterdaten von $\mathbf{C}(1,0°\circ 90°)$-Co-Occurrence-Matrizen lediglich durch die fehlende Hauptdiagonale. Gerade die Diagonalelemente sind es aber, welche für die Klassifikation der Landnutzung aus vorklassifizierten Landbedeckungsmustern den Nutzen standardmäßiger Co-Occurrence-Matrizen erheblich reduzieren können (vgl. den Satz in Kap 4.2.3). Die obige Herleitung zeigt, daß das wünschenswerte Weglassen der „störenden" Diagonalelemente nun nicht willkürlich geschieht, sondern als Konsequenz aus dem Übergang von der Betrachtung von Grauwertübergängen zu der von Grenzlängen folgt.

Auch für PCMs ließen sich normalisierte Versionen aufstellen, indem man für den betrachteten Bild- bzw. Kartenausschnitt die absolute Länge der jeweiligen Klassengrenzen durch die Gesamtlänge aller Grenzen dividiert. Diese ist durch die Summe über die Elemente der unteren bzw. oberen Dreiecksmatrix gegeben. Allerdings wird hier auf die Normierung verzichtet, da die Angabe der absoluten Längen bei Kenntnis der Fenstergröße einen zusätzlichen Informationsgewinn über die Fragmentierung der Klassen innerhalb des Betrachtungsfensters liefern kann (vgl. Kap. 4.2.5).

Die letzte noch offene Frage lautet:

Welche Größe und Form soll das Fenster, d. h. der Kartenausschnitt aufweisen, aus dem man die Elemente der modifizierten Co-Occurrence-Matrix bestimmt?

Zunächst ist unmittelbar einsichtig, daß es für eine Differenzierung von Teilräumen nicht sinnvoll ist, nur eine einzige PCM aus der Gesamtkarte zu erzeugen. Legt man statt dessen ein Fenster bestimmter Form und Größe um ein Polygon und schiebt dieses Fenster Polygon für Polygon über die gesamte Karte, so kann für jedes Polygon - mit Ausnahme der Randflächen - eine zugehörige PCM aufgestellt werden. In die Berechnung fließen dabei die Grenzlängen aller Polygone ein, die innerhalb des Fensters liegen oder von ihm geschnitten werden (Abb. 30). Alternativ kann man sich auf diejenigen Polygone beschränken, die vollständig innerhalb des Fensters liegen (Abb. 31).

Liegt die PCM für ein Polygon der Karte vor, so generieren die Elemente der unterhalb bzw. oberhalb der Hauptdiagonalen einen Vektor, der an die Eingabeschicht eines neuronalen Netzes angelegt werden kann.

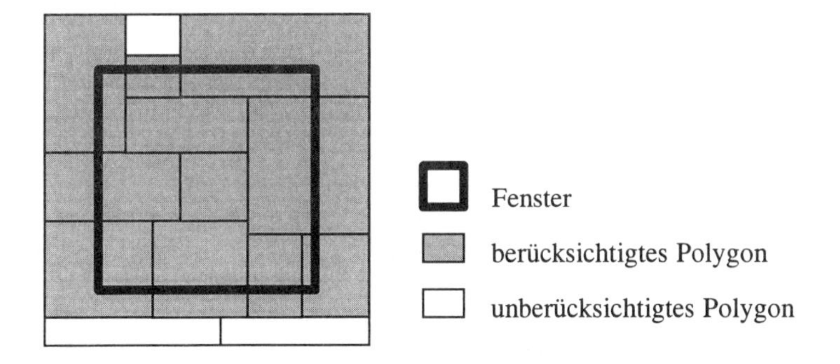

Abb. 30: Berücksichtigte Polygone bei Aufstellung der polygonbasierten Co-Occurrence-Matrix

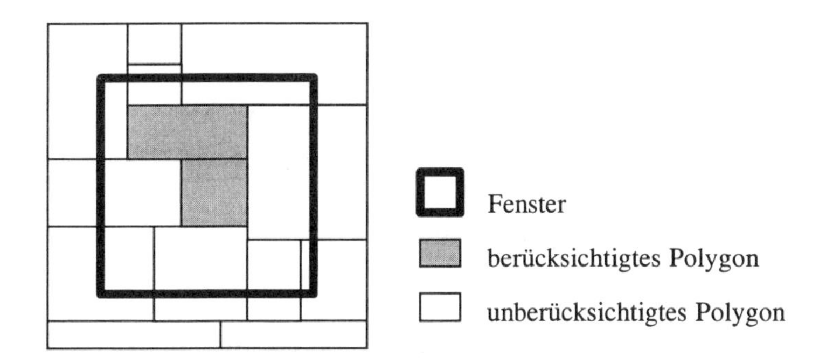

Abb. 31: Berücksichtigte Polygone bei Aufstellung der polygonbasierten Co-Occurrence-Matrix (nur innen liegende Polygone)

Für die Form des Fensters gibt es verschiedene Möglichkeiten. Beispielsweise kann man eine Pufferzone mit vorher festgelegtem Radius um das betreffende Polygon bilden (Abb. 32). Oder aber man legt einen Kreis oder ein Quadrat bestimmten Durchmessers um den Schwerpunkt des Polygons (Abb. 33).

Die Verwendung von Pufferzonen bietet sich in den Fällen an, in denen nur der unmittelbare Kontext des betreffenden Polygons betrachtet werden soll. Kreisfenster oder quadratische Fenster dagegen bringen Vorteile, wenn Informationen aus einem großen Umfeld zu verarbeiten sind, da sie verhindern, daß die konkrete Form des betreffenden Polygons einen zu großen Einfluß gewinnt.

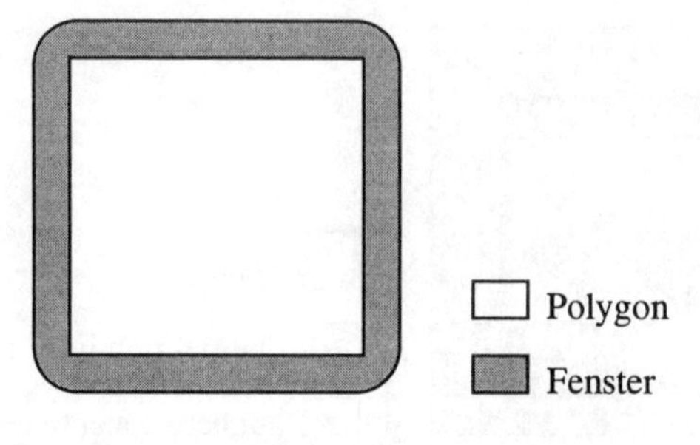

Abb. 32: Pufferzone um ein Polygon

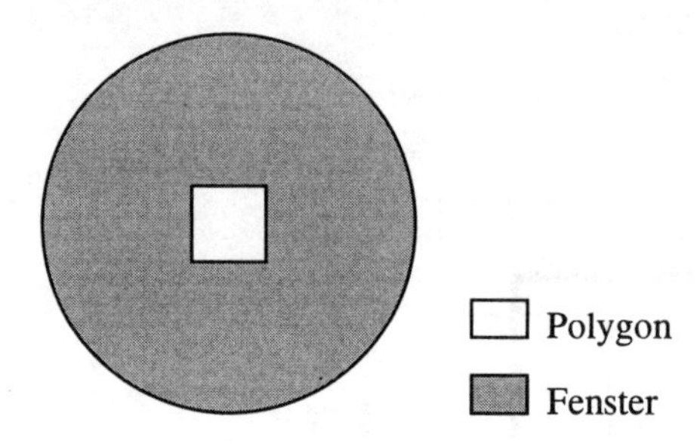

Abb. 33: Kreisförmiges Fenster um ein Polygon

Für die optimale Größe des Betrachtungsfensters, d. h. den optimalen Radius der Pufferzone oder des Kreises bzw. Quadrates ist es schwer, ein geeignetes Kriterium zu finden. Dies trifft erst recht dann zu, wenn das Fenster für alle Landnutzungsklassen oder - im allgemeinen Fall - thematischen Klassen brauchbar in dem Sinne sein soll, daß anhand der gewählten Umgebung für jede Region bzw. jedes Polygon entscheidbar ist, zu welcher Klasse es gehört. Es erscheint daher empfehlenswert, daß der Anwender mittels seiner Kenntnisse über den Untersuchungsraum für jede zu differenzierende Klasse eine individuell geeignete Größe des Betrachtungsfensters festlegt, mit der der Algorithmus in der Lage ist, ein gegebenes Polygon unter Anwendung der verschiedenen Fenstergrößen einer Klasse zuzuordnen.

Nachdem die vier offenen Fragen beantwortet wurden, kann nun der Algorithmus zur polygonbasierten Klassifikation von Luft- und Satellitenbildern vorgestellt werden, welcher die Generierung der Daten vornimmt, die anschließend als Eingabevektoren für ein neuronales Netz dienen.

4.2.5 Der Algorithmus zur Erzeugung der Eingabevektoren

Das im folgenden vorgeschlagene Klassifikationsverfahren ist ein überwachtes Verfahren. Es gliedert sich in eine Vorbereitungs-, eine Trainings- und eine Klassifizierungsphase.

1. Vorbereitungsphase

Schritt 1: ISODATA-Vorklassifikation (optional);

Liegt bereits eine thematische Karte mit k Klassen vor, wird dieser Schritt ganz ausgelassen. Ansonsten erzeugt die unüberwachte Klassifikation eine solche Karte.

Zu bedenken bei diesem Schritt gilt es lediglich, daß die Anzahl k der vorab festzulegenden Klassen die Größe der PCMs bestimmt. Je größer k ist, desto mehr Zeilen und Spalten weisen die Matrizen auf. Die Anzahl der Reihen und Spalten wiederum hat Einfluß auf die Zahl N_I der für die Matrixelemente vorzusehenden Eingabeneuronen des neuronalen Netzes. Es ist

$$N_I = \frac{k^2 - k}{2}.$$

Legt der Anwender beispielsweise 15 Landbedeckungsklassen fest, so benötigt das neuronale Netz später mindestens 105 Neuronen in der Eingabeschicht.

Die Zahl der Eingabeneuronen bestimmt ihrerseits die Komplexität des neuronalen Netzes. Je komplexer das Netz, desto größer ist die benötigte Trainingszeit. Somit kommt der Zahl der vorab festzulegenden Klassen für den weiteren Klassifikationsprozeß eine nicht unerhebliche Bedeutung zu.

Für den Anwender kann man die Empfehlung aussprechen, die maximale Zahl der vom ISODATA-Verfahren zu erzeugenden Cluster nach dem Prinzip „so wenig wie möglich, so viel wie nötig“ zu bestimmen. In verschiedenen Tests haben sich für die Fallbeispiele in Kapitel 5 Werte zwischen 6 und 20 als geeignet erwiesen. Zum einen wurde damit eine ausreichende Zahl von Landbedeckungskategorien berücksichtigt, zum anderen lagen die Trainingszeiten für die neuronalen Netze im Schnitt unter 15 Minuten auf einem 486/66 MHz-PC.

Alternativ kann anstelle der unüberwachten, für den Anwender einfach zu handhabenden ISODATA-Klassifikation auch ein überwachtes Verfahren wie Maximum-Likelihood benutzt werden, um etwa den Benutzereinfluß auf das Ergebnis der Vorklassifikation zu erhöhen. Ebenso kommt jede andere pixelbezogene Klassifikationsmethode im Prinzip in Frage.

Schritt 2: Festlegung des jeweiligen Betrachtungsfensters f_j für die r Landnutzungsklassen,
wobei $1 \leq j \leq r$;
Hier sollte der Anwender aufgrund seiner Raumkenntnisse eine für seine Klassifikation und die jeweilige Landnutzungsklasse geeignete Form und Größe festlegen.

In den nächsten Schritten werden die jeweiligen PCMs zunächst für alle N_K Polygone der Karte - mit Ausnahme des Randbereichs - erzeugt, um die Matrixelemente standardisieren zu können. Diese Standardisierung ist sinnvoll, um die Komponenten der neuronalen Eingabevektoren untereinander vergleichen zu können.

Schritt 3: Numeriere alle N_K Polygone der Karte durch;

Schritt 4: Setze $i = 1$,
wobei i ein Index über alle N_K Polygone der Karte ist;

Schritt 5: Wenn das i-te Polygon für mindestens ein Betrachtungsfenster f_j ein Randpolygon ist:
gehe zu Schritt 24;

Schritt 6: Setze $j = 1$,
wobei j ein Index über alle r Landnutzungsklassen ist;

Schritt 7: Lege das Betrachtungsfenster f_j um das i-te Polygon innerhalb der Karte;

Schritt 8: Setze alle Elemente der PCM auf Null;

Schritt 9: Numeriere alle F_i Polygone durch, die ganz oder teilweise in das Betrachtungsfenster f_j fallen;

Schritt 10: Setze $u = 1$,
wobei u ein Index über alle Polygone im Betrachtungsfenster f_j ist;

Schritt 11: Numeriere alle F_{iu} Polygone durch, die an das u-te Polygon angrenzen;

Schritt 12: Setze $v = 1$,
wobei v ein Index über alle dem u-ten Polygon benachbarten Polygone ist;

Schritt 13: Berechne die Länge der Grenze des u-ten Polygons mit dem v-ten Polygon;

Schritt 14: Erhöhe den Eintrag in der Zelle (Klassenwert(u-tes Polygon), Klassenwert(v-tes Polygon)) der PCM um die berechnete Grenzlänge;

Schritt 15: Setze $v = v + 1$;

Schritt 16: Wenn $v \leq F_{iu}$, d. h. noch Polygone in der unmittelbaren Umgebung des u-ten Polygons zu bearbeiten sind:
gehe zu Schritt 13;

Schritt 17: Setze $u = u + 1$;

Schritt 18: Wenn $u \leq F_i$, d. h. noch Polygone im Betrachtungsfenster f_j zu bearbeiten sind:
gehe zu Schritt 11;

Schritt 19: Erzeuge und speichere einen Vektor mit $\frac{k^2 - k}{2}$ Komponenten aus den Elementen unterhalb der Hauptdiagonalen der PCM;

Schritt 20: Erweitere den im vorigen Schritt gebildeten Vektor um k auf $\frac{k^2 - k}{2} + k$ Komponenten und ordne der $\left(\frac{k^2 - k}{2} + \text{Klassenwert}(i\text{ - tes Polygon})\right)$-Komponente des neuen PCM-Vektors den Umfang des i-ten Polygons zu; Durch diese Erweiterung soll sichergestellt werden, daß nicht nur die geometrischen Interaktionen in der Umgebung des i-ten Polygons in den Klassifikationsprozeß einfließen, sondern auch der konkrete Klassenwert des zentralen Polygons sowie eine seiner geometrischen Eigenschaften.

Schritt 21: Erweitere den in Schritt 20 gebildeten PCM-Vektor um eine auf nunmehr $\frac{k^2 - k}{2} + k + 1$ Komponenten und ordne der letzten Komponente des neuen Vektors die Anzahl aller Polygone im Betrachtungsfenster f_j zu;

Aufgrund dieser Modifikation läßt sich für das betrachtete Fenster aus dem entstandenen Vektor beispielsweise der Fragmentationsindex *FI* ableiten, der gut mit dem visuellen Eindruck von Kartenkomplexität korrespondiert und hoch mit anderen Kartenkomplexitätsmaßen wie dem Aggregationsindex oder dem Kompaktheitsindex (vgl. MÜLLER 1975) korreliert (BREGT & WOPEREIS 1990):

$$FI = \frac{M-1}{N-1},$$

wobei
M = Anzahl der Kartenregionen bzw. Polygone und
N = Anzahl der Flächeneinheiten (z. B. Pixel in einer Rasterkarte) ist (MONMONIER 1974; vgl. auch JOHNSSON 1995).

Schritt 22: Setze $j = j + 1$;

Schritt 23: Wenn $j \leq r$, d. h. noch Betrachtungsfenster zu bearbeiten sind:
gehe zu Schritt 7;

Schritt 24: Setze $i = i + 1$;

Schritt 25: Wenn $i \leq N_K$, d. h. noch Polygone in der Karte zu bearbeiten sind:
gehe zu Schritt 5;

Schritt 26: Standardisiere die Komponenten sämtlicher Eingabevektoren;

Schritt 27: Ende.

2. Trainingsphase

Schritt 1: Auswahl von N_T Trainingsflächen;
Für jede zu klassifizierende Landnutzungsart müssen ausreichend viele Trainingsflächen vorliegen, um die den jeweiligen Landnutzungsmustern innewohnenden inhärenten Strukturen während des Trainings aufdecken zu können.
Des weiteren wird unterstellt, daß jedes Polygon einer Trainingsfläche im durch das entsprechende Betrachtungsfenster definierten Kontext dem der Trainingsfläche zugeordneten Landnutzungstyp angehört.

Schritt 2: Numeriere alle N_T Trainingsflächen durch;

Schritt 3: Setze $i = 1$,
wobei i ein Index über alle Trainingsflächen ist;

Schritt 4: Ermittle die Landnutzungsklasse r_i für die i-te Trainingsfläche;

Schritt 5: Ermittle das Betrachtungsfenster f_{r_i} für die Landnutzungsklasse r_i;

Schritt 6: Numeriere alle F_i Polygone durch, die ganz oder teilweise in die i-te Trainingsfläche fallen;

Schritt 7: Setze $j = 1$,
wobei j ein Index über alle Polygone der i-ten Trainingsfläche ist;

Schritt 8: Ermittle aus dem Betrachtungsfenster f_{r_i} den zugehörigen standardisierten PCM-Vektor des j-ten Polygons innerhalb der i-ten Trainingsfläche;

Schritt 9: Erzeuge und speichere einen Eingabevektor aus dem standardisierten PCM-Vektor sowie einen zugehörigen binären Ausgabevektor aus der Landnutzung r_i der i-ten Trainingsfläche für den Trainingsdatensatz des neuronalen Netzes;

Schritt 10: Setze $j = j + 1$;

Schritt 11: Wenn $j \leq F_i$, d. h. noch Polygone in der i-ten Trainingsfläche zu bearbeiten sind:
gehe zu Schritt 8;

Schritt 12: Setze $i = i + 1$;

Schritt 13: Wenn $i \leq N_T$, d. h. noch Trainingsflächen zu bearbeiten sind:
gehe zu Schritt 4;

Schritt 14: Trainiere das ATL-Netz (vgl. nächstes Kapitel) mit den ausgewählten standardisierten PCM-Vektoren;

Schritt 15: Ende.

3. Klassifizierungsphase

Die eigentliche Klassifizierungsphase unterscheidet sich von der Trainingsphase in lediglich zwei Punkten. Zum einen werden nun nicht nur die Polygone der Trainingsgebiete, sondern alle Polygone des Bildes bzw. die zugehörigen standardisierten PCM-Vektoren betrachtet. Zum anderen ist für die erzeugten Eingabevektoren natürlich die zugehörige Netzausgabe vorab nicht bekannt. Somit existieren auch keine Vorinformationen über ein geeignetes Betrachtungsfenster. Die Klassifikation erfolgt daher nach folgenden Regeln:

a) Ein Polygon wird jener Landnutzungsklasse i, $1 \leq i \leq r$, zugewiesen, für die der PCM-Eingabe-vektor des Polygons - bezüglich eines bestimmten benutzerdefinierten Betrachtungsfensters f_j, $1 \leq j \leq r$ - das der Klasse i zugeordnete Ausgabeneuron o_i aktiviert, wenn folgende zwei Bedingungen zutreffen:

a1) Das Betrachtungsfenster entspricht der zugewiesenen Klasse, es ist also $i = j$.

a2) Das der Klasse i zugeordnete Ausgabeneuron o_i wird ausschließlich aktiviert.

b) Trifft eine der beiden Bedingungen a1) oder a2) nicht zu, fällt das Polygon in die Klasse „unentscheidbar“.

c) Wird für alle Betrachtungsfenster f_j kein Neuron der Ausgabeschicht aktiviert, bleibt das Polygon unklassifiziert.

4.3 Das ATL-Netz

4.3.1 Charakteristika von ATL-Netzen

Ein ATL-Netz - ATL steht für **A**daptive **T**hreshold **L**earning - besteht aus drei Schichten, einer Eingabe-, einer Zwischen- und einer Ausgabeschicht.

Die n Neuronen der Eingabeschicht werden mit denen der Zwischenschicht vollständig mit zufällig initialisierten, konstanten Gewichten verbunden. Jedes Neuron der Eingabeschicht ist somit mit jedem Neuron der Zwischenschicht gekoppelt. Da die Eingabeschicht in einem ATL-Netz lediglich als Puffer für den angelegten Eingabevektor **i** dienen soll, geben Aktivierungs- und Ausgabefunktion F bzw. o_i[8] der Eingabeschicht die

[8] Auf die explizite Angabe des Zeitparameters t wird - wie allgemein üblich - im folgenden verzichtet.

Eingabe unverändert an die Elemente der Zwischenschicht weiter, d. h. $o_i = a_i$ (vgl. Kap. 3.2.1).

Als Eingabefunktion net_i der Zwischenschicht wird häufig die Hamming-Distanz

$$net_i = \sum_{j=1}^{n} \left| w_{ij} i_j \right|$$

zwischen Eingabevektor **i** und Gewichtsvektor $\mathbf{w}_i$ des i-ten Zwischenschichtneurons gewählt, während als Aktivierungsfunktion F die binäre Schwellenwertfunktion sinnvoll ist. Unterschreitet der berechnete Eingabewert einen bestimmten Schwellenwert θ_i, d. h. besteht eine bestimmte „Mindestähnlichkeit" zwischen Eingabe- und Gewichtsvektor, so wird das entsprechende Neuron aktiv ($a_i = 1$) und seine Aktivierung direkt an die Ausgabeschicht weitergeleitet. Die Zwischenschichtneuronen sind dabei mit jeweils einem Element der Ausgabeschicht mit festen Gewichten $w_{ij} = 1$ verbunden. Damit zeigt eine aktive Verbindung eine gewisse „Ähnlichkeit" des angelegten Eingabevektors mit dem verbundenen Zwischenschichtneuron an (NEUROTEC 1993, S. 38 f.).

Die Eingabefunktion net_i des i-ten Neurons der Ausgabeschicht summiert die entsprechenden Ausgaben aus der Zwischenschicht. Ein Ausgabeneuron operiert dabei als logische ODER-Schaltung. Wenn irgendeine seiner Eingaben aktiv ist, produziert es eine Ausgabe, ansonsten nicht (CHESTER 1993, S. 107). Die Aktivierung und gleichzeitige Netzausgabe lautet also

$$\begin{aligned} a_i &= 1 \text{ falls } net_i > 0 \\ &= 0 \text{ sonst.} \end{aligned}$$

ATL-Netze zeichnen sich durch eine Besonderheit aus, die sie grundlegend von klassischen Modellen wie Backpropagation unterscheidet. Sie besteht darin, daß dieser Netztyp in der Lage ist, sich durch Veränderung seiner Topologie dem Komplexitätsgrad des zu lernenden Datenbestandes selbständig anzupassen. Während die Anzahl der Neuronen in Eingabe- und Ausgabeschicht im vorhinein vorgegeben wird und unverändert bleibt, kann die Anzahl von Neuronen in der Zwischenschicht im Laufe des Lernens variieren. Stellt sich während des Lernens heraus, daß die Wissensrepräsentation für einen vorgegebenen Eingabevektor noch nicht ausreichend ist, wird selbständig ein neues Neuron in die Zwischenschicht des Netzes eingefügt und mit dem Eingabevektor verbunden. Das im Prinzip recht einfach aufgebaute Netzmodell hat aufgrund dieser flexiblen Struktur den Vorteil, extrem anpassungsfähig zu sein[9] und sehr schnell trainiert werden zu können.

Der ATL-Netztyp ist stark angelehnt an das Restricted-Coulomb-Energy-(RCE)-Modell (REILLY, COOPER & ELBAUM 1982; vgl. auch SCHÖNEBURG, HANSEN & GAWELCZYK 1990, S. 169 ff.; CHESTER 1993, S. 107 ff.; WASSERMAN 1993, S. 20 ff.). Der Lernalgorithmus des RCE-Modells konnte von der Firma Nestor, Inc. in den USA patentiert werden, wodurch andere Simulatoren dieses sehr schnelle und leistungsfähige Lernverfahren nicht verwenden dürfen. In der Bundesrepublik entwickelte die Firma NEUROTEC Hochtechnologie GmbH, Friedrichshafen, mit dem NEURO-Compiler einen Simulator für neuronale Netze auf MS-DOS- und UNIX-Basis, welche mit ATL eine Netzwerktopologie zur Verfügung stellt, die sehr große Ähnlichkeit mit der des RCE-Modells hat. Alle Anwendungen des ATL-Modells in Kapitel 5 wurden daher mit dem NEURO-Compiler durchgeführt.

4.3.2 Lernen im ATL-Netz

Das Lernen in einem ATL-Netz erfolgt überwacht. Zu jedem Trainingsvektor muß also dessen Klassenzugehörigkeit bekannt sein. Die Klassen werden dabei in Form von binären Ausgabemustern angegeben, d. h. ein Ausgabevektor besteht nur aus Nullen und Einsen. Die Eingabevektoren dagegen können reellwertige Elemente enthalten.

Der ATL-Trainingsalgorithmus versucht - in Anlehnung an die Anziehungskraft zweier gegenpoliger elektrischer Ladungen - Entscheidungsregionen von Klassen durch „Anziehungsgebiete" zu approximieren. Abbildung 34 zeigt einen einfachen zweidimensionalen Fall. Die Kreise stellen die Anziehungsbereiche dar, deren jeweilige Zentren durch den Gewichtsvektor $\mathbf{w}_i$ des i-ten Zwischenschichtneurons gegeben sind. Der Radius θ_i des i-ten Kreises korrespondiert mit dem Schwellenwert des Neurons. Wenn ein Eingabevektor $\mathbf{i}$ in den Anziehungsbereich fällt, wird das mit diesem Bereich assoziierte Zwischenschichtneuron aktiv.

Die folgenden zwei Regeln sollen es ermöglichen, die Entscheidungsregionen nachzubilden (NEUROTEC 1993, S. 39 f.; WASSERMAN 1993, S. 23 f.):

1. Wenn ein Trainingsvektor angelegt wird, der nicht in einen Anziehungsbereich derselben Klasse fällt, entsteht an dieser Stelle ein neuer Kreis mit einem Radius θ_{neu}.

[9] Beispielsweise können auch sich überlagernde Entscheidungsregionen sowie Entscheidungsregionen, die getrennt liegen, aber der gleichen Klasse angehören, mit diesem Netztyp modelliert werden.

Dieser wird etwas kleiner gewählt als die Distanz zum nächstgelegenen Zentrum (Abb. 35). Der Generierung eines neuen Kreises entspricht das Einfügen eines neuen Neurons mit Schwellenwert θ_{neu} in die Zwischenschicht, dessen Gewichtsvektor gleich dem Eingabevektor gesetzt und mit dem fälschlicherweise inaktiven Ausgabeneuron verbunden wird.

2. Wenn ein Trainingsvektor angelegt wird, der in den Bereich einer anderen Klasse fällt, erfolgt eine Verkleinerung des Radius dieser Klasse, bis der Trainingsvektor außerhalb liegt (Abb. 36).

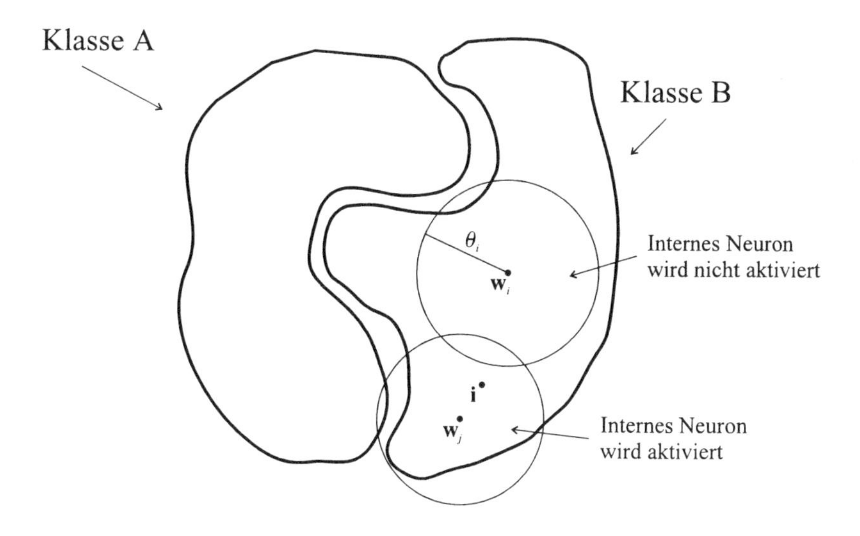

Abb. 34: Logik eines Zwischenschichtneurons im ATL-Modell
Quelle: SCHÖNEBURG, HANSEN & GAWELCZYK 1990, S. 172; verändert

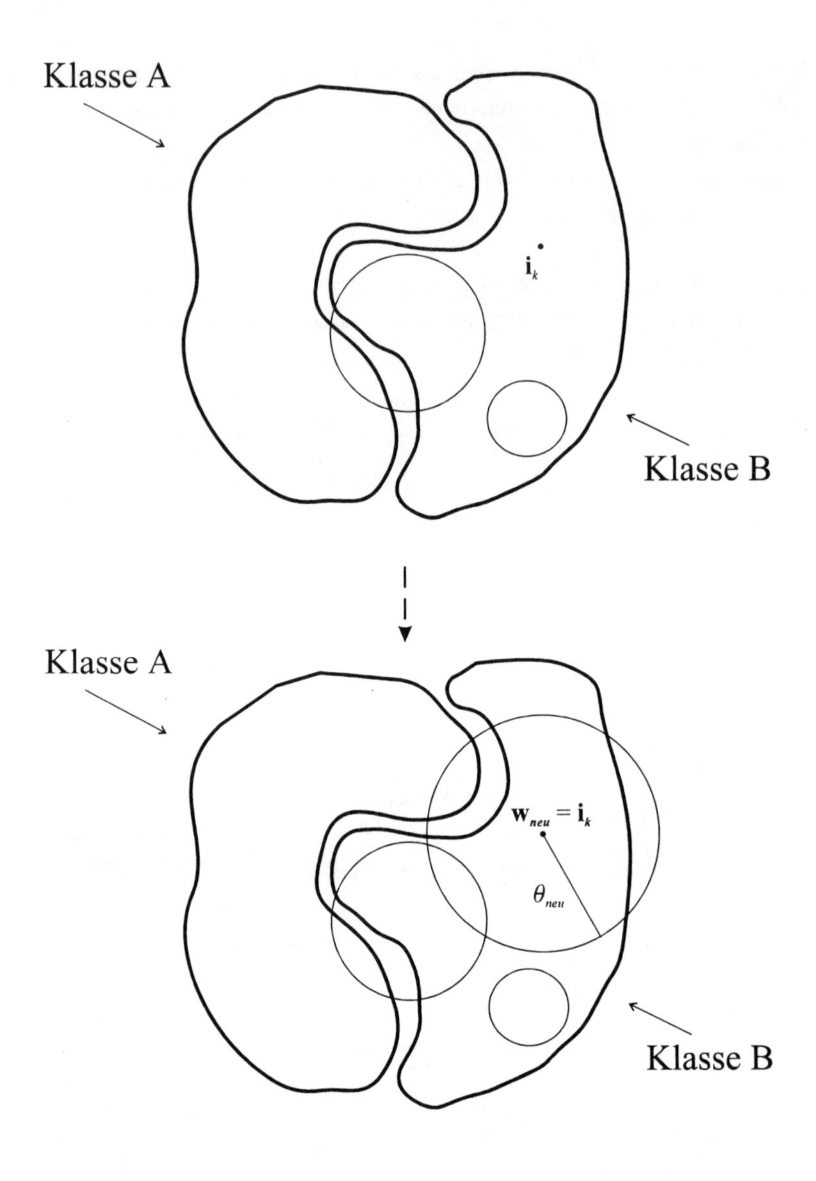

Abb. 35: Einfügen eines Neurons in die Zwischenschicht
Quelle: WASSERMAN 1994, S. 24; verändert

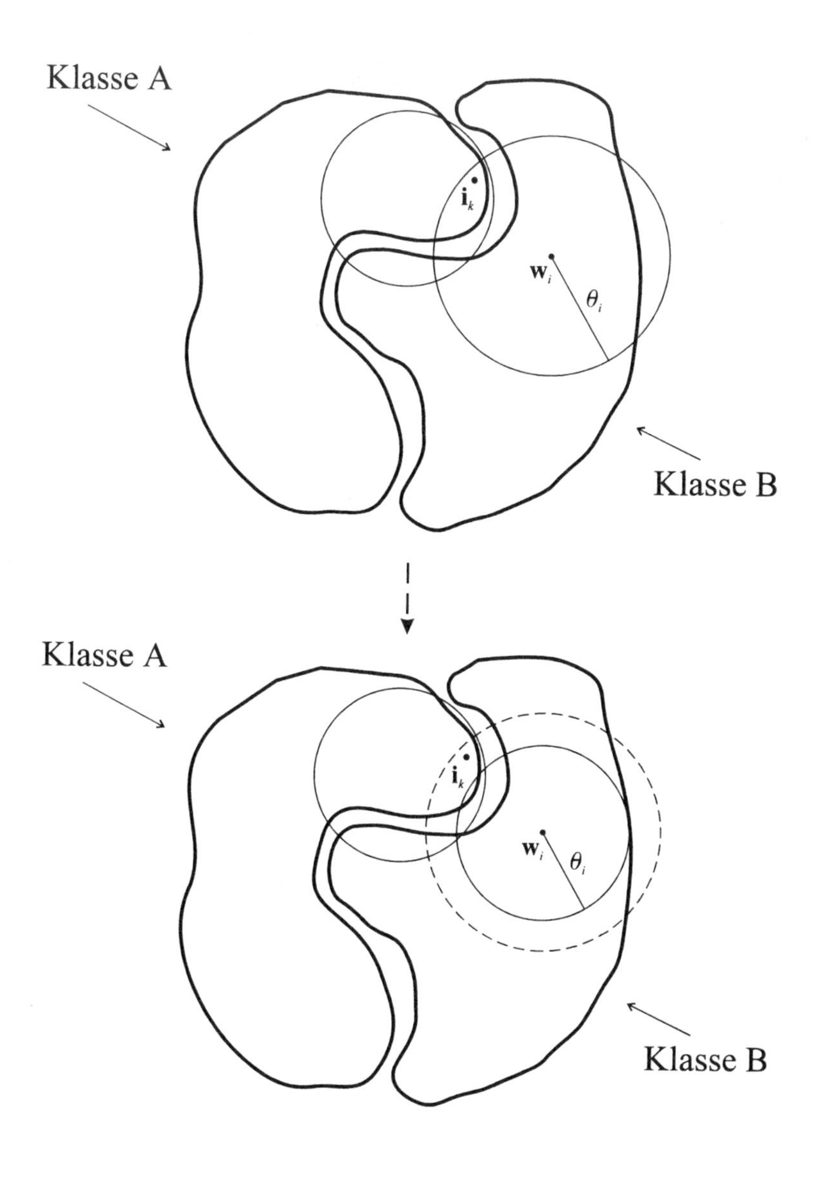

Abb. 36: Verringern des Schwellenwertes
Quelle: WASSERMAN 1994, S. 25

Der komplette ATL-Algorithmus ist durch die folgenden Schritte gegeben (NEUROTEC 1993, S. 40):

Schritt 1: Setze $m = 1$,
wobei m ein Index über die Eingabe- und die gewünschten Ausgabemuster ist.

Schritt 2: Lese den Eingabevektor $\mathbf{i}_m$ und das zugehörige gewünschte Ausgabemuster $\mathbf{d}_m$;

Schritt 3: Berechne die aktuelle Ausgabe $\mathbf{o}_m$;

Schritt 4: Für jede Komponente von $\mathbf{o}_m$ wiederhole:
wenn $o_i = 0$ und $d_i = 1$ (das Ausgabeneuron ist inaktiv, aber es sollte aktiv sein; Abb. 35):
füge ein neues Neuron in die Zwischenschicht ein mit
$\mathbf{w}_{neu} = \mathbf{i}_m$ und
$\theta_{neu} = \min_{j \leq N_m} \left(net(\mathbf{w}_j, \mathbf{i}_m) \right) - c,$
wobei
$\mathbf{w}_{neu}$ = Gewichtsvektor des neuen Neurons,
$\mathbf{w}_j$ = Gewichtsvektor des j-ten Neurons der Zwischenschicht,
θ_{neu} = Schwellenwert des neuen Neurons,
$net(.)$ = Hamming-Distanz,
c = Konstante (z. B. $c = 1{,}0$),
N_m = Anzahl aller Neuronen in der Zwischenschicht beim Durchlauf m;
wenn $o_i = 1$ und $d_i = 0$ (das Ausgabeneuron ist aktiv, aber es sollte inaktiv sein; Abb. 36):
verringere den Schwellenwert von $\mathbf{w}_i$:
$\theta_i = net(\mathbf{w}_i, \mathbf{i}_m) - c;$

Schritt 5: wenn $m \leq M$,
wobei M die Anzahl der Trainingsmuster im Datensatz ist:
$m := m + 1;$
gehe zu Schritt 2;

Schritt 6: wenn $\forall_{m \leq M} \; \mathbf{d}_m = \mathbf{o}_m$ oder Abbruchkriterien gültig (z. B. maximale Anzahl von Iterationen erreicht):

Ende,
sonst gehe zu Schritt 1.

Bei Anwendung dieser Regeln generieren die Trainingsvektoren zahlreiche „Anziehungsbereiche", welche die Konturen der Klassen A und B approximieren (Abb. 37). Ist die Approximation genau genug, besteht die berechtigte Erwartung, daß auch Vektoren, mit denen das Netz nicht trainiert wurde, bei Eingabe in das Netz der richtigen Klasse zugeordnet werden.

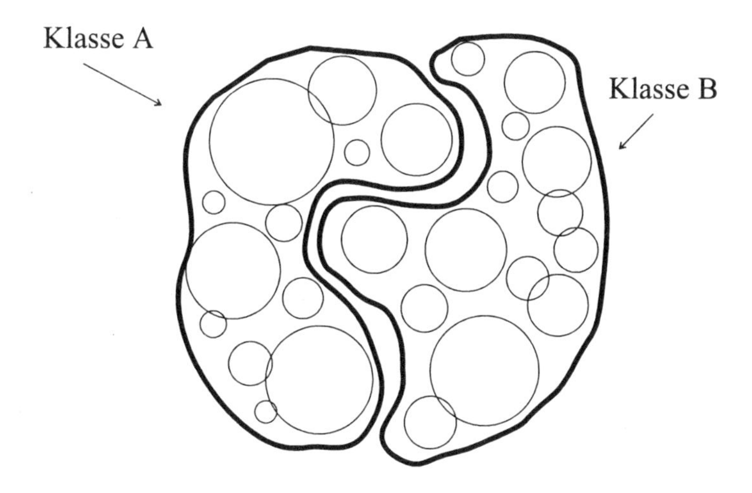

Abb. 37: Zweidimensionale approximierte Entscheidungsregionen zweier Klassen A und B
Quelle: CHESTER 1993, S. 111; WASSERMAN 1994, S. 22; verändert

5 FALLSTUDIEN

Untersuchungsraum für die Fallstudien ist die Stadt Santos / Brasilien mit ihren heute 417.040 Einwohnern (Zensusdaten 1991). Sie befindet sich etwa 70 km von der Metropole São Paulo entfernt an der Küste des südostbrasilianischen Bundesstaats São Paulo. Eine wesentliche Bedeutung von Santos ergibt sich aus ihrer Funktion als mit Abstand größte Hafenstadt des 35 Mio. Einwohner zählenden Bundesstaates. Dem Hafengebiet widmen sich auch die verschiedenen Klassifikationstests zur Überprüfung der praktischen Anwendbarkeit der vorgestellten Methode.

5.1 Datengrundlagen und Datenvorverarbeitungen

Datengrundlagen der Untersuchungen bilden ein 512 x 512 Pixel großer Ausschnitt einer siebenkanalige Landsat TM 5-Szene[1] vom 16. April 1992 (WRS-Koordinaten: 219-077) sowie ein Luftbild des Maßstabs 1 : 25.000 vom März 1994. Um die Bilddaten für die Tests verfügbar zu machen, mußten einige Vorverarbeitungen durchgeführt werden.

An den Satellitenbilddaten waren zunächst verschiedene radiometrische und geometrische Korrekturen vorzunehmen. So traten in den einzelnen Kanälen in Zeilenrichtung orientierte Streifenstrukturen auf, die sich vor allem in gleichmäßigen kontrastarmen Bildteilen störend auswirkten. Derartige Fehler resultieren bei optisch-mechanischen Zeilenabtastern wie dem Landsat TM aus einer unterschiedlichen Empfindlichkeit der Detektoren des Sensorsystems bzw. einer unzureichenden Kalibrierung dieser Detektoren. Die Abschwächung der Streifeneffekte in den sieben Spektralkanälen der Szene erfolgte, indem Mittelwert und Standardabweichung jedes einzelnen der 16 Detektoren eines Kanals den entsprechenden Maßzahlen des Gesamtbildes angepaßt wurden.

Was geometrische Fehler anbelangt, so wies das brasilianische Bildmaterial eine weitgehende und qualitativ ausreichende Systemkorrektur der aufnahmebedingten Abbildungsfehler auf. Allerdings war die Szene nicht georeferenziert. Da die Trainingsgebiete als Polygone im UTM-Koordinatensystem vorlagen, mußten die einzelnen Kanäle des den Untersuchungsraum abdeckenden Teilbildes in dieses geodätische Bezugssystem überführt werden. Dies geschah mit Hilfe von 20 gleichmäßig über den betrachteten Bildausschnitt verteilten Paßpunkten. Hierfür wurden Objekte wie Straßenkreuzungen oder gut erkennbare Gebäude herangezogen, deren Koordinaten sowohl im Satelliten-

[1] Der Landsat Thematic Mapper nimmt Strahlungswerte in sieben Spektralbereichen auf. Die ersten drei Kanäle liegen im sichtbaren Licht, Kanal 4 im nahen Infrarot, die Kanäle 5 und 7 im mittleren Infrarot und Kanal 6 im thermalen Infrarot. Die Bodenauflösung aller Kanäle liegt mit Ausnahme von Kanal 6

bild - als Reihen- und Spaltenzahl - als auch auf einer topographischen Karte des Maßstabs 1 : 50.000 eindeutig identifiziert werden konnten. Die Entzerrungsgenauigkeit der daraus errechneten Transformationsmatrix lag im affinen Fall bei 38 m, entsprechend einem Wert von ca. 1,3 Pixel. Sie konnte mit Polynomen zweiter Ordnung auf 21 m gesteigert werden, was einer Genauigkeit im gewünschten Sub-Pixelbereich entspricht. Transformationen dritten Grades kamen daher nicht mehr in Frage, nicht zuletzt auch aufgrund der Gefahr einer Umkehrung der Pixelordnung bei Anwendung höherdimensionaler Gleichungen (ERDAS 1994, S. 299 f.).

Die Neuquantisierung des Eingangsbildes auf ein entzerrtes Ausgangsbild mit 25 m x 25 m-Raster wurde mittels des Verfahrens der nächsten Nachbarschaft durchgeführt. Dieser Resampling-Algorithmus ordnet einem Pixel $P(x', y')$ des Ausgangsbildes den Grauwert jenes Pixels des Eingangsbildes zu, welches gemäß den errechneten Transformationsgleichungen den Koordinaten (x', y') am nächsten liegt. Die Wahl fiel auf diese Methode, da sie im Gegensatz zur bilinearen Interpolation und bikubischen Konvolution[2] die ursprünglichen Datenwerte ohne Filterwirkung transformiert.

Die Vorverarbeitungen für das in analoger Form vorliegende Luftbild beschränkten sich darauf, den interessierenden Bildausschnitt mit einer Auflösung von 300 dpi und einer Grauwerttiefe von 8 bit zu scannen.

5.2 Satellitenbildklassifikationen

Die Aufgabe soll darin bestehen, die Flächen der drei bezüglich ihrer spektralen Merkmale recht ähnlichen Landnutzungskategorien „Wohngebiet", „Hafengebiet" und „Gewerbegebiet" vom übrigen Stadtgebiet abzugrenzen. Die Klassifikationen erfolgen dabei über die zuvor ausgewählte, jetzt georeferenzierte Teilszene. Für eine bessere Darstellung der Klassifikationsergebnisse - insbesondere zur Vermeidung von „ausgefransten" Bildrändern bei der ATL-Klassifikation - wird diese Teilszene jedoch ihrerseits auf einen 384 Pixel x 384 Pixel, d. h. 9,6 km x 9,6 km großen Bildausschnitt reduziert. Er umfaßt das Hafengebiet der Stadt Santos in der Gegend, wo der Estuário de Santos von Norden kommend in die südlich gelegene Bucht von Santos mündet (Abb. 38).

---

bei 30 m x 30 m; Kanal 6 besitzt eine Bodenauflösung von 120 m x 120 m (für weitere Systemcharakteristika vgl. z. B. STRATHMANN 1993, S. 59).

[2] Für nähere Erläuterungen zu diesen Methoden vgl. z. B. HABERÄCKER (1991, S. 185 f.) oder ERDAS (1994, S. 311 ff.).

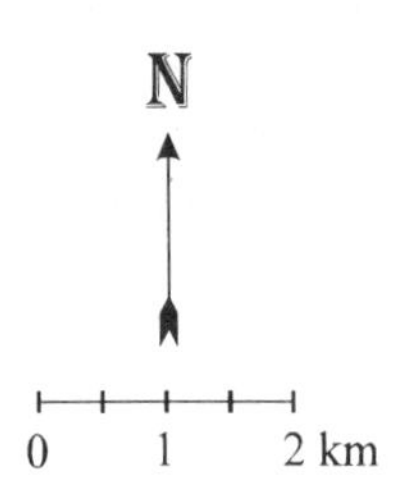

Abb. 38: Hafengebiet von Santos, TM Kanal 3

Die Klasse „Wohngebiet“ ist durch geeignete Trainingsgebiete so zu definieren, daß sie sich durch eine irreguläre Bebauungsstruktur mit relativ geringem Vegetationsanteil auszeichnet. Noch niedriger muß der Anteil an Grünflächen in der Umgebung einer Fläche sein, die der Kategorie „Hafengebiet“ zugeordnet werden soll. Diese Kategorie zeichnet sich einmal durch ihre Nähe zum Wasser, d. h. zu dunklen Flächen aus. Zum anderen umfaßt sie Gebiete mit einer großräumigen regelmäßigen Struktur wie Dächer von Lagerhallen oder Stellflächen für Container. Als „Gewerbegebiet“ werden hier Flächen ausgewiesen, die eine relativ geringe Bebauungsdichte aufweisen. In diese Klasse fallen auch großflächige Gebiete, deren Bebauung erst im Entstehen ist. Die Klasse „übrige Gebiete“ schließlich enthält insbesondere die Vegetations- und Wasserflächen.

Für die folgenden Klassifikationen wurden alle sieben - geometrisch und radiometrisch korrigierten - Spektralkanäle des TM-Datensatzes benutzt. Die Abbildung 39 zeigt - zusammen mit dem kontrastverstärkten Kanal 3 und den Trainingsflächen - das Ergebnis einer zunächst durchgeführten standardmäßigen Maximum-Likelihood-Klassifikation über den Untersuchungsraum[3]. Die in Tabelle 3 dargestellten Klassifikationsgenauigkeiten basieren auf einer nach den klassifizierten Flächenanteilen der Nutzungsarten geschichteten Zufallsstichprobe von 256 Referenzflächen, für die die Landnutzung aus anderen Informationsquellen - in dieser Untersuchung aus Geländebegehungen, Luftbildern und topographischen Karten - zu ermitteln war.

Tab. 3: Genauigkeiten der Maximum-Likelihood-Klassifikation

Landnutzung	Anzahl der Referenzpixel	Anzahl klassifizierte Pixel insgesamt	Anzahl korrekt klassifizierter Pixel	Produzierte Genauigkeit	Benutzergenauigkeit
Stadtgebiet	120	72	66	55,0 %	91,7 %
Hafengebiet	24	38	16	66,7 %	42,1 %
Gewerbegebiet	12	39	12	100,0 %	30,7 %
übrige Gebiete	100	107	97	97,0 %	90,7 %

Gesamtgenauigkeit = 74,6 %

Die Ergebnisse müssen als unbefriedigend bewertet werden. Zum einen ist die Gesamtgenauigkeit mit 74,6 % relativ niedrig. Zum anderen können - mit Ausnahme der hier uninteressanten „übrigen Flächen" - auch die Ergebnisse für die einzelnen Kategorien nicht überzeugen. So liegt der Anteil der korrekt klassifizierten Pixel für die Klassen „Stadtgebiet" und „Hafengebiet" bei lediglich 55,0 % bzw. 66,7 %. Für die Gewerbegebiete beträgt die produzierte Genauigkeit zwar 100 %, doch nur knapp 31 % der Flächen, die als Gewerbegebiet ausgewiesen werden, sind auch wirklich Gewerbegebiete (für eine Darstellung der Interpretation von Klassifikationsgenauigkeiten vgl. CONGALTON 1991).

[3] Um die für den Maximum-Likelihood-Klassifikator benötigte Normalverteilungsannahme nicht zu verletzen, wurde die spektral sehr heterogene Klasse „übrige Gebiete" zunächst in zwei Klassen „Wasser" und „Vegetation" aufgeteilt. Nach der Klassifikation erfolgte wieder eine Zusammenlegung der beiden Klassen in „übrige Gebiete". Ebenfalls zum Zwecke einer übersichtlicheren Darstellung wurde diese Klasse dann noch mit Flächen, die unklassifiziert blieben, zu einer Klasse zusammengefaßt.

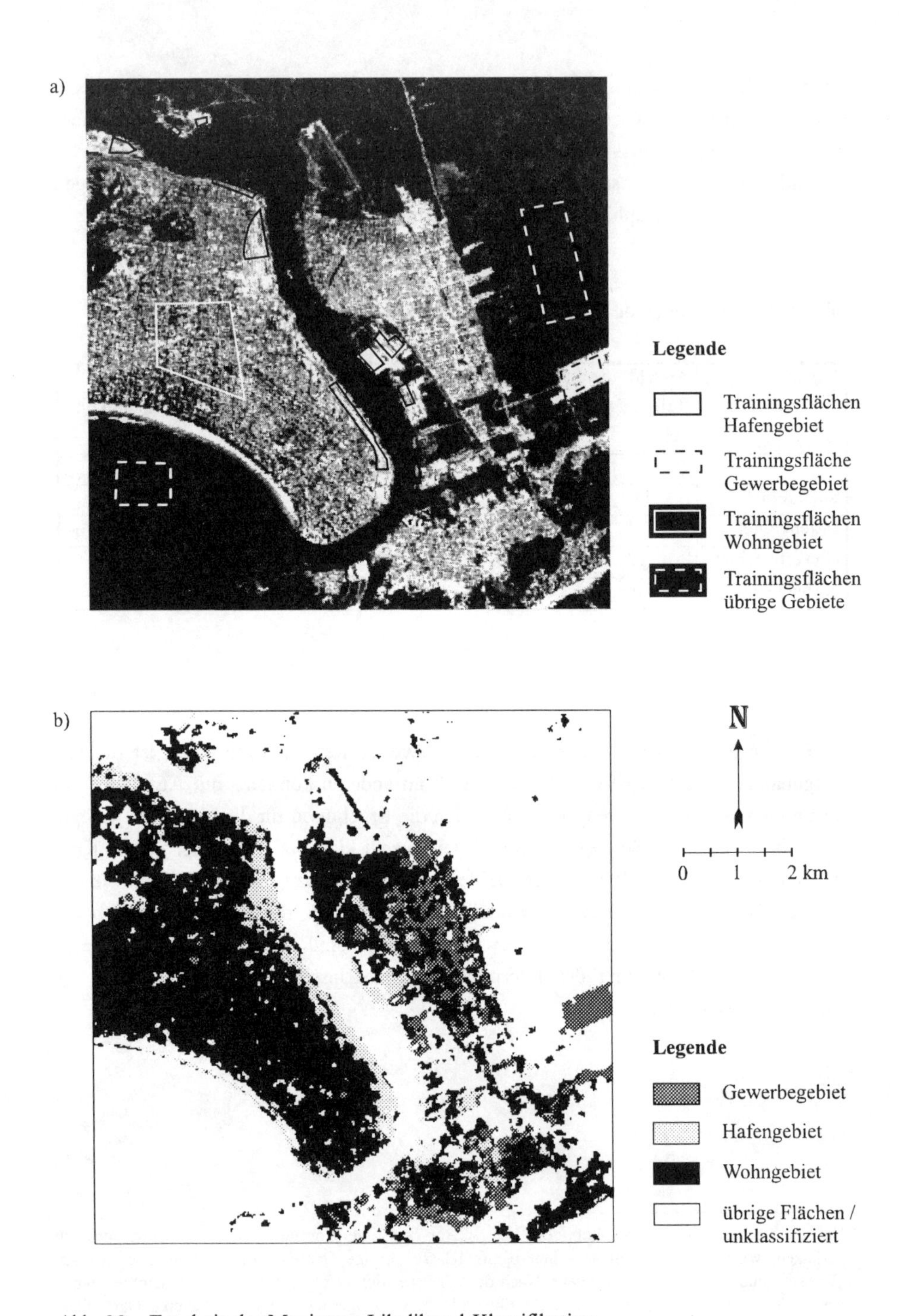

Abb. 39: Ergebnis der Maximum-Likelihood-Klassifikation

Im nächsten Schritt erfolgte unter Zugrundelegung derselben Trainingsflächen eine neuronale Klassifikation auf der Basis von PCMs und der ATL-Netztopologie. Hierfür wurden in einem ersten Schritt aus den sieben Kanäle durch eine unüberwachte ISODATA-Vorklassifikation 20 Landbedeckungsklassen gewonnen. Die innerhalb der vorgegebenen Trainingsgebiete liegenden Flächen der so erzeugten thematischen Karte der Landbedeckung konnten dann in einem für alle Klassen gleichen quadratischen Fenster von 250 m Durchmesser auf die Länge ihrer gemeinsamen Grenzen hin analysiert werden. Die auf diese Weise erhaltenen Elemente der PCM gingen anschließend gemäß dem in Kapitel 4.2.5 erläuterten Vorgehen als Vektoren in die Trainingsphase des ATL-Netzes ein, wobei den vier Landnutzungsklassen jeweils ein Ausgabeneuron zugeordnet wurde. Die anschließende Klassifikation über alle Flächen des ISODATA-klassifizierten Bildes lieferte das in Abbildung 40 gezeigte Ergebnis[4].

Der vorher vorhandene „Salz- und Pfeffer-Effekt" konnte drastisch reduziert werden, so daß die Klassen jetzt deutlich homogener und realitätsnäher wirken. Die für das klassifizierte Bild - erneut auf der Basis der bereits ausgewählten 256 Zufallsflächen - angestellten Genauigkeitsuntersuchungen bestätigen diesen Eindruck (Tab. 4).

Tab. 4: Genauigkeiten der ATL-Klassifikation

Landnutzung	Anzahl der Referenzpixel	Anzahl klassifizierte Pixel insgesamt	Anzahl korrekt klassifizierter Pixel	Produzierte Genauigkeit	Benutzergenauigkeit
Stadtgebiet	90	72	70	77,8 %	97,2 %
Hafengebiet	34	38	30	88,2 %	79,0 %
Gewerbegebiet	26	39	24	92,3 %	61,5 %
übrige Gebiete	106	107	103	97,2 %	96,3 %

Gesamtgenauigkeit = 88,7 %

[4] Für eine übersichtlichere Darstellung wurde die Klasse „übrige Gebiete" mit Flächen, für die das ATL-Netz keine eindeutige Ausgabe oder nur Nullwerte lieferte, zu einer Klasse zusammengefaßt.

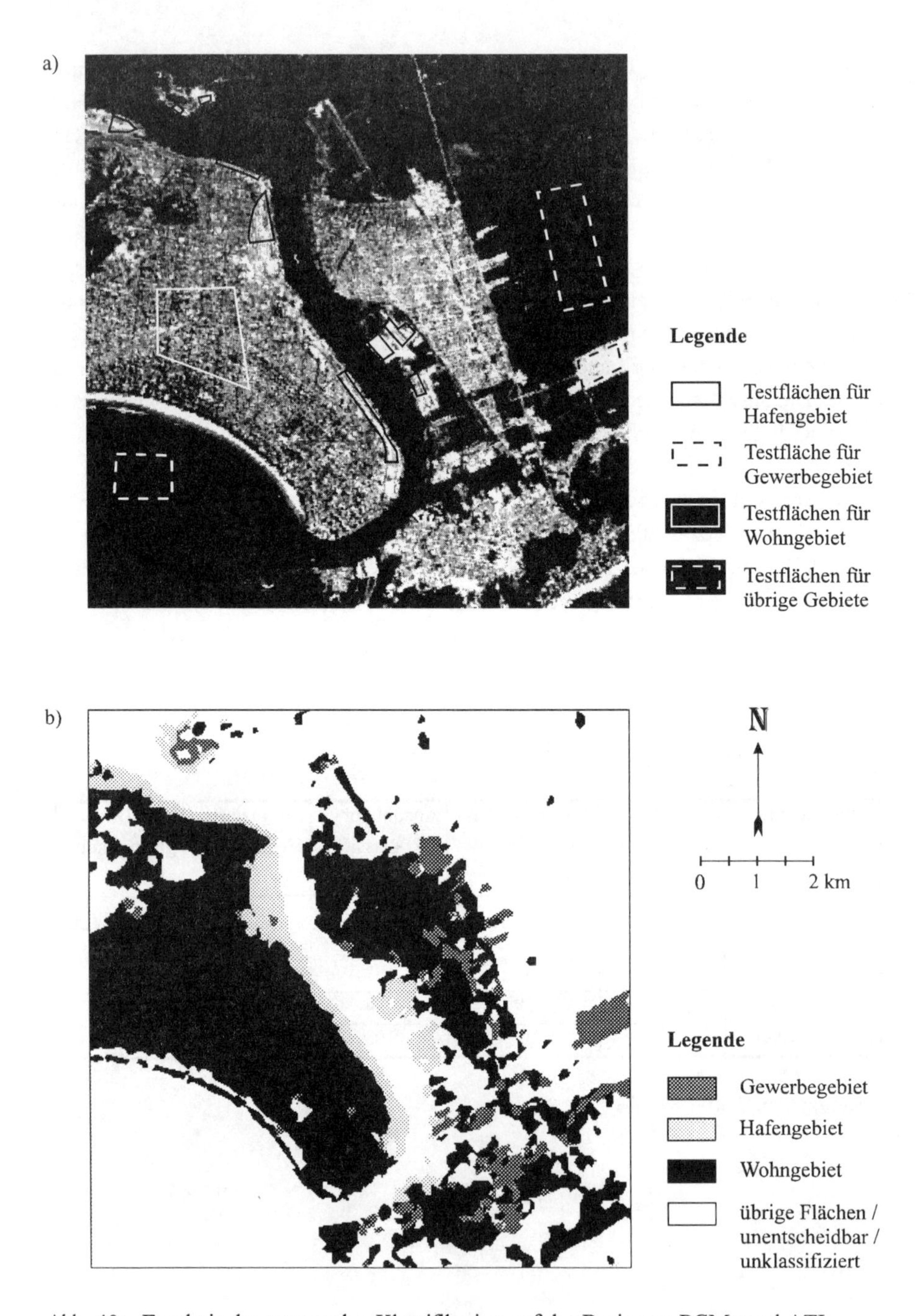

Abb. 40: Ergebnis der neuronalen Klassifikation auf der Basis von PCMs und ATL

Die Gesamtgenauigkeit ist um fast 15 % gestiegen. Auch für die einzelnen Kategorien zeigen sich Verbesserungen. Gerade für die Klasse „Hafengebiet" ist ein deutlicher Genauigkeitsanstieg zu verzeichnen. Auch daß die produzierte Genauigkeit für die Gewerbegebiete zurückgegangen ist, braucht nicht als Nachteil angesehen zu werden. Immerhin findet ein Benutzer der Landnutzungskarte nun schon in über 60 % der Fälle, in denen die Karte ein Gewerbegebiet ausweist, in der Realität auch ein Gebiet dieses Typs.

Die Ergebnisse der Klassifikationen des Landsat TM-Bildes zeigen also in bezug auf die erreichbare Genauigkeit deutliche Vorteile des vorgestellten Ansatzes gegenüber einem herkömmlichen statistischen Verfahren. Und zwar insbesondere dann, wenn die zu separierenden Klassen sich weniger durch ihre spektralen als vielmehr durch texturelle bzw. kontextuelle Unterschiede auszeichnen. Dennoch kommt die Stärke der neuen Methode erst bei der Verwendung von noch höher auflösenden Datensätzen voll zur Geltung.

5.3 Luftbildklassifikationen

Untersuchungsziele sind hier Klassifikationen von Einzelobjekten und deren Zusammenfügung zu komplexen Objekten. Betrachtet wird im folgenden zunächst ein ca. 1 km x 2 km großer Bildausschnitt des Hafens, dessen Grauwertumfang von 256 mit ISODATA auf lediglich 6 Stufen reduziert wurde, um die für die nachfolgenden Aufgaben benötigte Bildstruktur besser hervorzuheben[5].

Die erste Aufgabe besteht darin, die großen, insbesondere langgestreckten Lagerhäuser bzw. -hallen im Hafengebiet zu identifizieren. Vorgegeben werden hierfür zwei Klassen „Lagerhaus" und „übrige Gebiete" mit den in Abbildung 41a gezeigten Trainingsflächen. Das zu simulierende Netz besitzt somit zwei Ausgabeneuronen. Als Breite der Pufferzone, aus der die jeweiligen Grenzlängen zu ermitteln sind, wird ein Wert von 15 m festgesetzt. Dies entspricht ungefähr einem Viertel der Breite der Lagerhallen. Durch diese Wahl erzwingt man, daß die Streifigkeit ihrer Dächer, durch die sich die Lagerhäuser von anderen Objekten im Bild abheben, gut erfaßt wird, damit sie beim Zuordnungsprozeß die entscheidende Rolle spielt.

Abbildung 41b zeigt das Klassifikationsergebnis. Da es das Verfahren überfordern würde, die exakten Umriße der Lagerhäuser selbständig aus dem Luftbild zu erkennen, erscheint das Ergebnis - wie auch die der weiteren Beispiele - aus Gründen einer anschaulicheren Darstellung sowie im Hinblick auf die Erstellung einer einfachen thematischen Vektorkarte in einer aufbereiteten Form. Und zwar dahingehend, daß im betrachteten

[5] Der ISODATA-Vorklassifikation kommt in diesem Fall lediglich die Aufgabe einer Neuverteilung der Grauwerte auf Klassen mit unterschiedlich langen Klassenintervallen zu.

Bildausschnitt die Grenzen aller interessierenden Objekte einer zu detektierenden Klasse - hier die großen Lagerhäuser im Hafen - zunächst manuell in Form von Polygonzügen festgelegt wurden. Ein entsprechendes Polygon ist in der Ergebniskarte dann gekennzeichnet bzw. ausgefüllt, wenn für mindestens zwei Drittel seiner inneren Flächen der Klassifikationsprozeß eine Zuordnung in die entsprechende Kategorie, hier also „Lagerhaus“ ergab.

Wie leicht zu sehen, werden die einzelnen Lagerhäuser bis auf wenige Ausnahmen exzellent erkannt. Diese Ausnahmen betreffen Lagerhallen, die sich im Luftbild durch helle Dächer ohne erkennbare Textur oder eine stark abweichende Dachstruktur auszeichnen. Trainiert man aber das ATL-Netz mit den in Abbildung 42a gezeigten Flächen, so lassen sich anschließend auch die kritischen Dächer richtig zuordnen (Abb. 42b).

Ein Grund für den Erfolg der Klassifikation ist auch darin zu sehen, daß einige Zwischenräume zwischen den Gebäuden durch Trainingsflächen der Konkurrenzklasse „übrige Gebiete“ zugeordnet wurden. Auf diese Weise läßt sich ein „Überspringen“ der Muster von einem Dach zum nächsten verhindern.

Der in den Abbildungen 41 und 42 gezeigte Ausschnitt ist aus Darstellungsgründen relativ klein gewählt worden. Um zu belegen, daß das Klassifikationsergebnis nicht nur Gültigkeit für den gewählten Bildbereich hat, erfolgt nun eine Erweiterung des Untersuchungsraumes (Abb. 43). Zusätzlich wird eine der Lagerhallen künstlich in den Bereich der Wohnhäuser kopiert. Abbildung 43b verdeutlicht, daß der entwickelte Klassifikator neben den Lagerhäusern im Hafen auch die eingefügte Halle und noch eine weitere Halle eines ähnlichen Typs erkennt, korrekterweise jedoch keine weiteren Objekte.

Die Lagerhallen ließen sich gut anhand ihrer Dachtextur von den übrigen Objekten unterscheiden. Die folgende Aufgabe ist für den entwickelten Klassifikator dagegen schon schwieriger, da hier keine so deutlich ausgeprägten regelmäßigen Strukturen vorhanden sind. Statt dessen bestehen die jetzt zu klassifizierenden Objekte ihrerseits aus einzelnen Teilobjekten. Es geht darum, unter Vorgabe von drei „Trainingsschiffen“ (Abb. 44a) die übrigen sechs an der Kaimauer festgemachten Schiffe mit ihren zum Teil offenen, zum Teil geschlossen Ladeluken zu identifizieren. Auch hier überzeugt das Verfahren (Abb. 44b). Alle neun Schiffe werden einwandfrei erkannt und gegenüber den übrigen Flächen, zu denen jetzt auch die Lagerhäuser gehören, abgegrenzt. Bedeutsam für diesen Erfolg ist zum einen eine Pufferzonenbreite von 30 m, was ungefähr einer Schiffsbreite entspricht. Zudem erfolgte eine automatische Ausweisung der unmittelbar an die eigentlichen Trainingsflächen für Schiffe angrenzenden Regionen als Trainingsflächen für die Konkurrenzklasse „übrige Gebiete“. Voraussetzung hierfür ist, daß die

„Trainingsschiffe“ zuvor beim Digitalisieren der Trainingsflächen möglichst exakt in ihren Umrissen erfaßt werden. Durch diese Modifikation lernt das ATL-Netz während des Trainings, daß ein Schiffsobjekt eine lange gemeinsame Grenze mit dunklen Flächen hat, diese aber nicht mehr zum Schiff gehören.

Möchte man Lagerhäuser und Schiffe zugleich klassifizieren, so liegen jetzt drei Klassen vor, für die die Ausgabeschicht des Netzes auf drei Neuronen erweitert werden muß. Abbildung 45b zeigt das Klassifikationsergebnis, wobei die Testflächen für die einzelnen Gebiete unverändert blieben. Es ist praktisch eine Addition der für Lagerhäuser und Schiffe getrennt erzielten Karten.

Im folgenden soll der Einfluß der Fenster- bzw. Pufferzonengröße beispielhaft näher untersucht werden. Hierzu wird eines der am Kai festgemachten Schiffe synthetisch in die Hafeneinfahrt kopiert. Bei einer Pufferzonenbreite von wie gehabt 30 m läßt sich auch dieses Schiff von der Umgebung abgrenzen (Abb. 46). Erhöht man den Wert jedoch auf 150 m, bleiben nach der Klassifikation nur noch die am Kai befestigten Schiffe übrig (Abb. 47). Denn jetzt fließen bei der Analyse der Trainingsflächen so viele Informationen von den umgebenden Kaianlagen ein, daß die Teilflächen eines Schiffes sich dadurch auszeichnen, daß sie in der Nähe einer großen Anzahl von hellen Flächen liegen. Genau dies ist aber bei dem in der Flußmündung liegenden Schiff nicht der Fall, da es auch in einer 150 m-Umgebung fast nur von dunklen Flächen umschlossen wird[6].

Die bislang betrachteten Beispiele beschäftigten sich mit der Klassifikation von Objekten, welche sich aus verschiedenen Teilflächen zusammensetzen. Diese Teilflächen fanden dabei bislang keine weitere inhaltliche Beachtung. Die abschließende Aufgabe besteht nun darin, aus bereits klassifizierten Objekten, d. h. aus einer thematischen Karte komplexe Objekte einer höheren Aggregationsstufe abzuleiten. Das Ziel ist es, anhand der bereits klassifizierten Lagerhäuser und Schiffe sowie anderer Hafengebiete das komplexe Objekt „Hafengebiet“ zu identifizieren. Hierzu werden die Polygone der klassifizierten Lagerhäuser und Schiffe in das Luftbild integriert und anschließend Trainingsflächen für die beiden Klassen „Hafengebiet“ und „übrige Gebiete“ ausgewählt (Abb. 48a). Da nur die südliche Abgrenzung der Trainingsfläche für die Hafengebiete nicht der wirklichen Ausdehnung der Anlagen in diese Richtung entspricht, wurde für die anderen Grenzen wieder nach dem Prinzip verfahren, die unmittelbar nach außen angrenzenden Flächen als Trainingsflächen für „übrige Gebiete“ zu verwenden. Das Klassifikationsergebnis bei einer Pufferzonenbreite von 100 m ist in Abbildung 48b zu sehen. Der Klassifikator findet in der Tat die südliche Ergänzung des vorgegebenen Hafengebiets. Lagerhallen, die im übrigen Stadtgebiet liegen, werden korrekterweise

[6] Die Wasserflächen setzen sich über den betrachteten Bildausschnitt hinaus nach Norden und Osten fort.

nicht erfaßt. Fehlerhaft ist die entstandene Karte aber am unteren Rand. Hier wird das am südöstlichen Bildrand gelegene Schiff nicht mitklassifiziert, da es in seinem 100 m-Umkreis weder ein anderes Schiff noch ein Lagerhaus gibt. Dies wiederum verdeutlicht die Empfindlichkeit des Klassifikators gegenüber der Wahl der Fenstergröße.

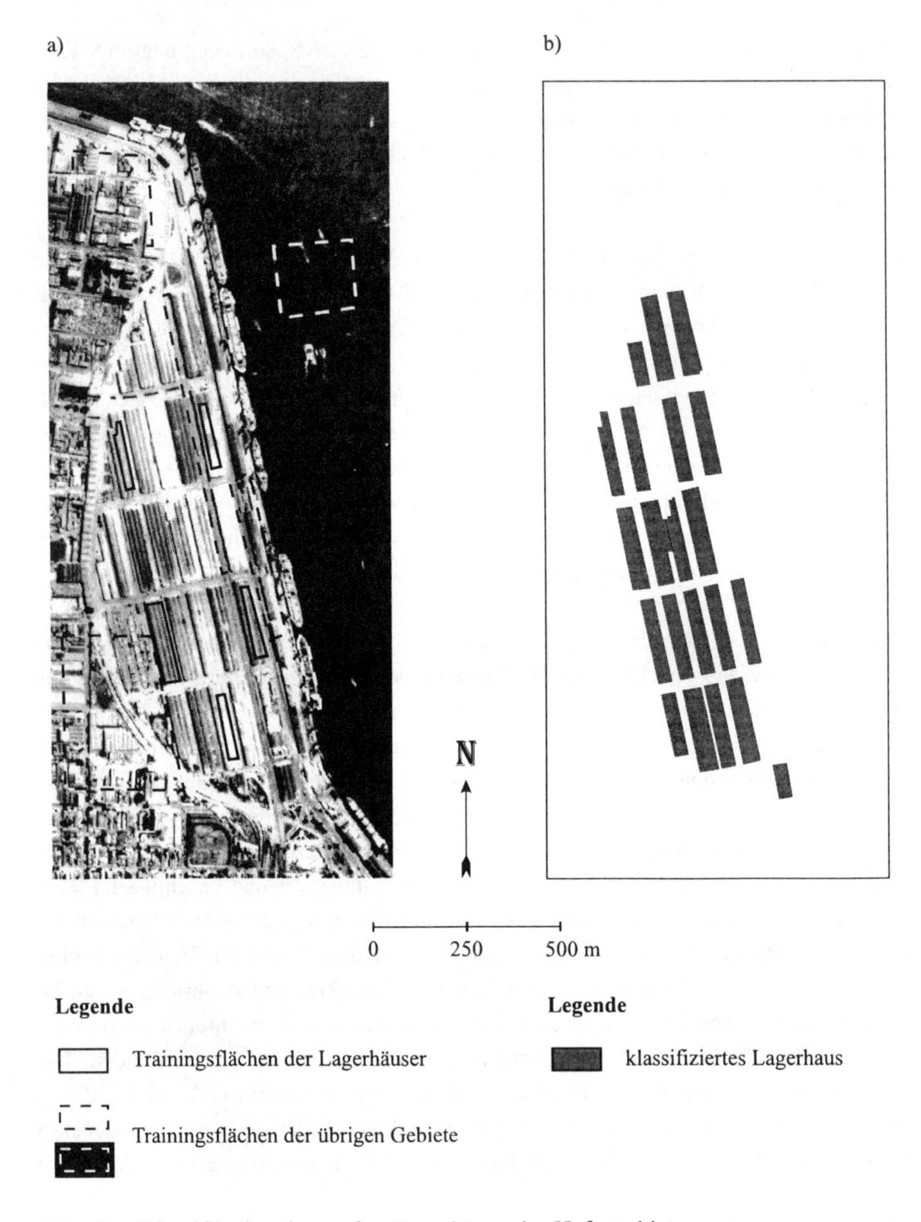

Abb. 41: Klassifikation der großen Lagerhäuser im Hafengebiet

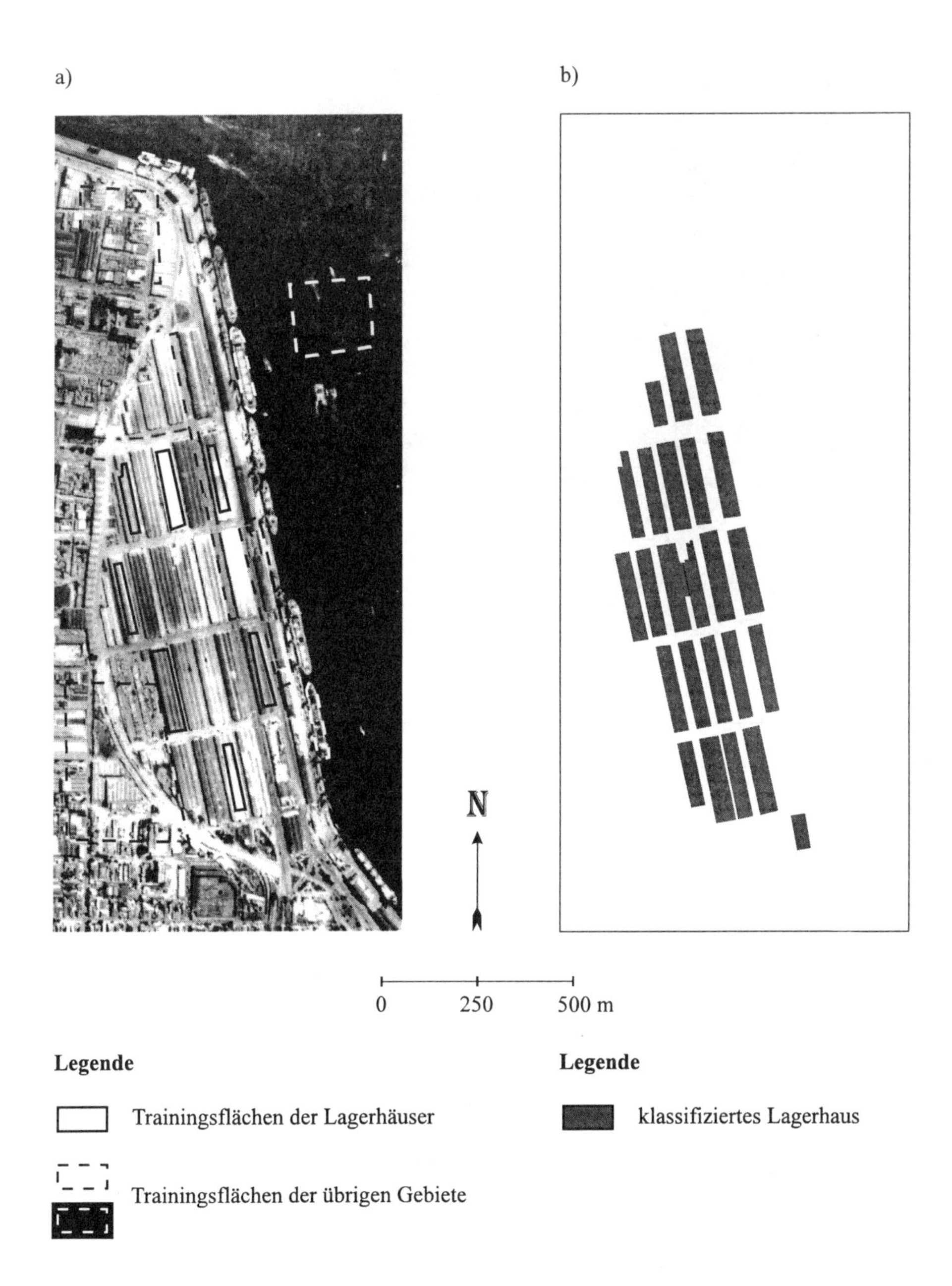

Abb. 42: Vollständige Klassifikation der großen Lagerhäuser im Hafengebiet

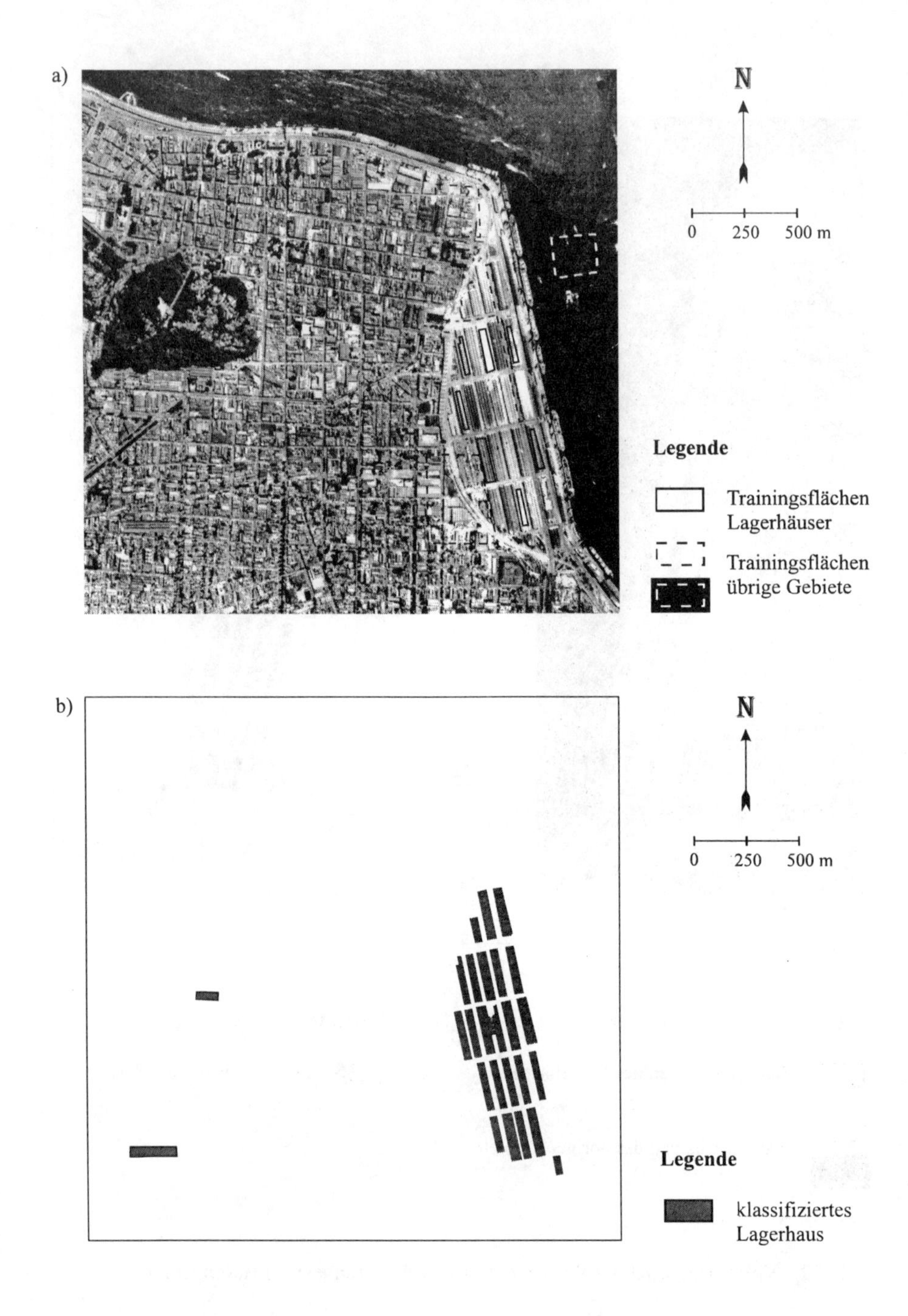

Abb. 43: Klassifikation von großen Lagerhäusern im Stadtgebiet

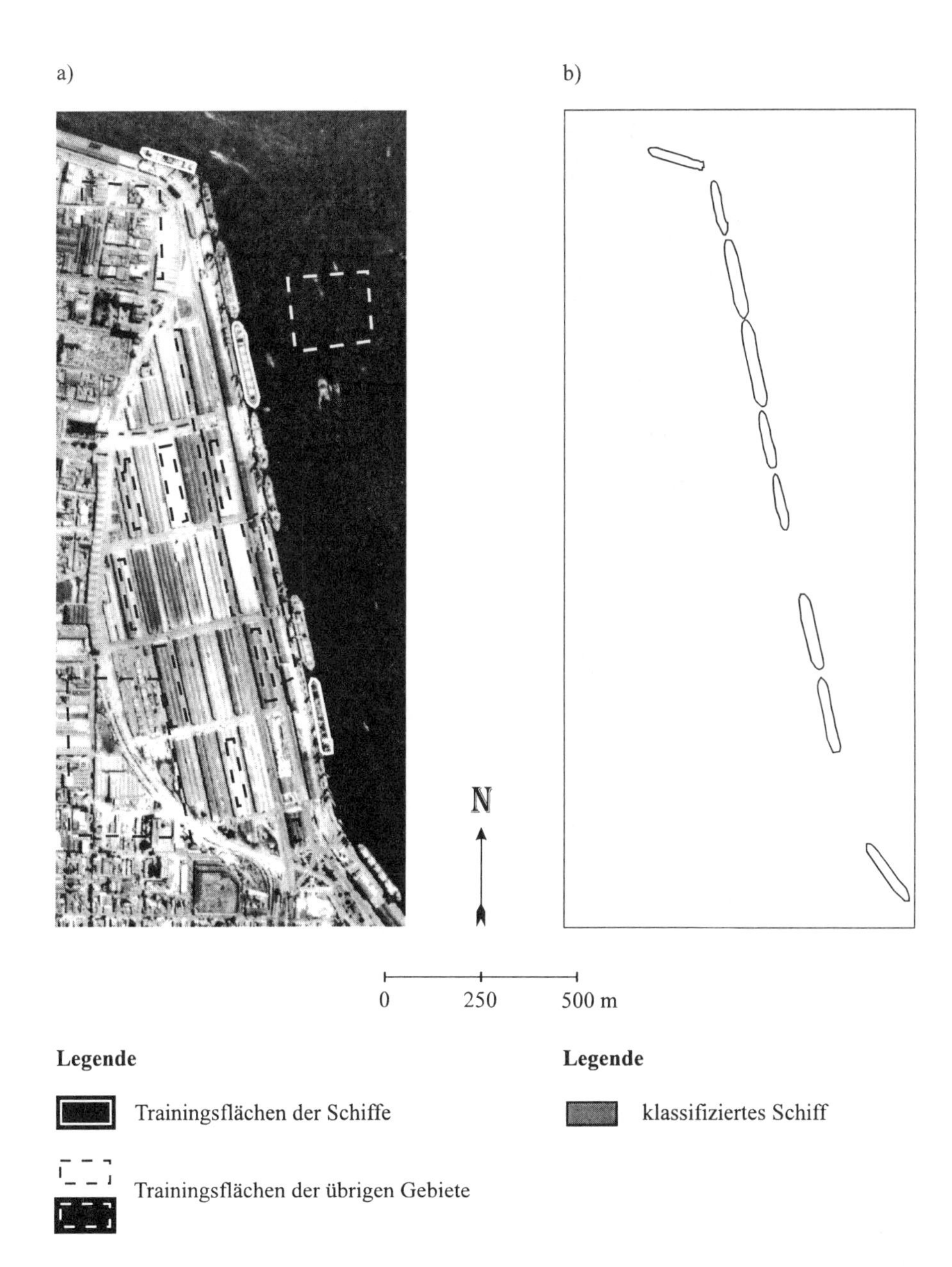

Abb. 44: Klassifizierte Schiffe

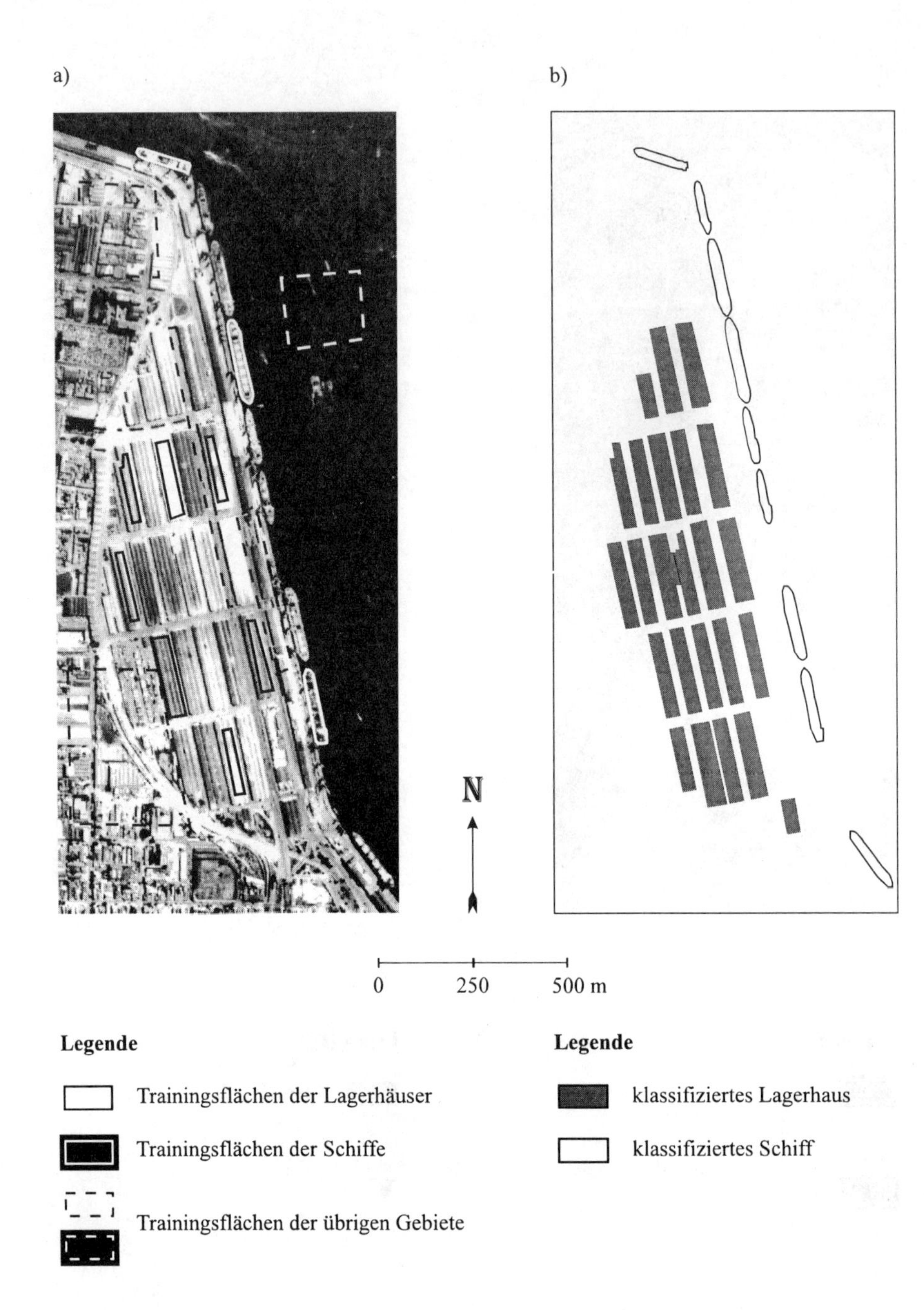

Abb. 45: Lagerhäuser und Schiffe gemeinsam klassifiziert

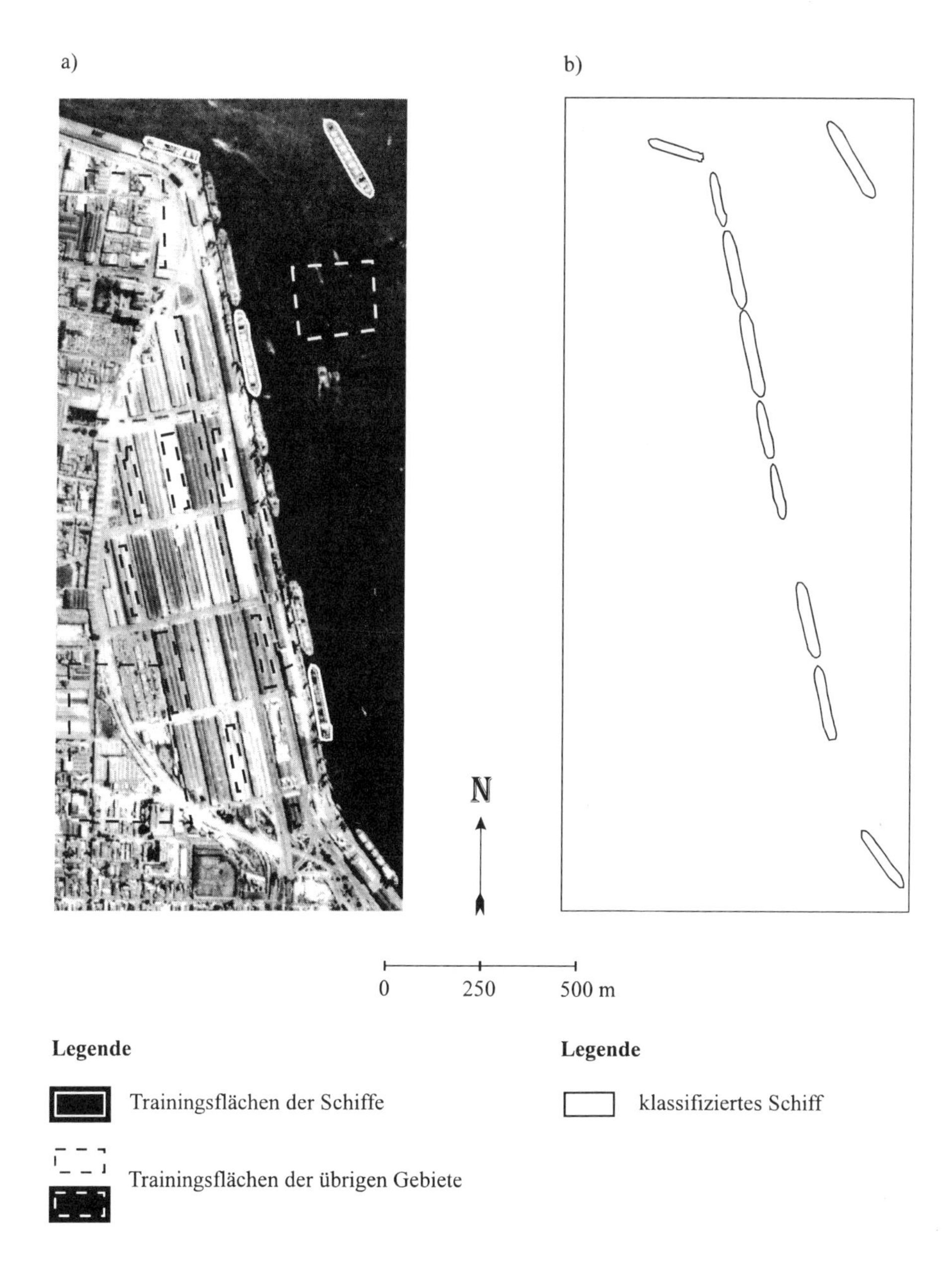

Abb. 46: Klassifizierte Schiffe

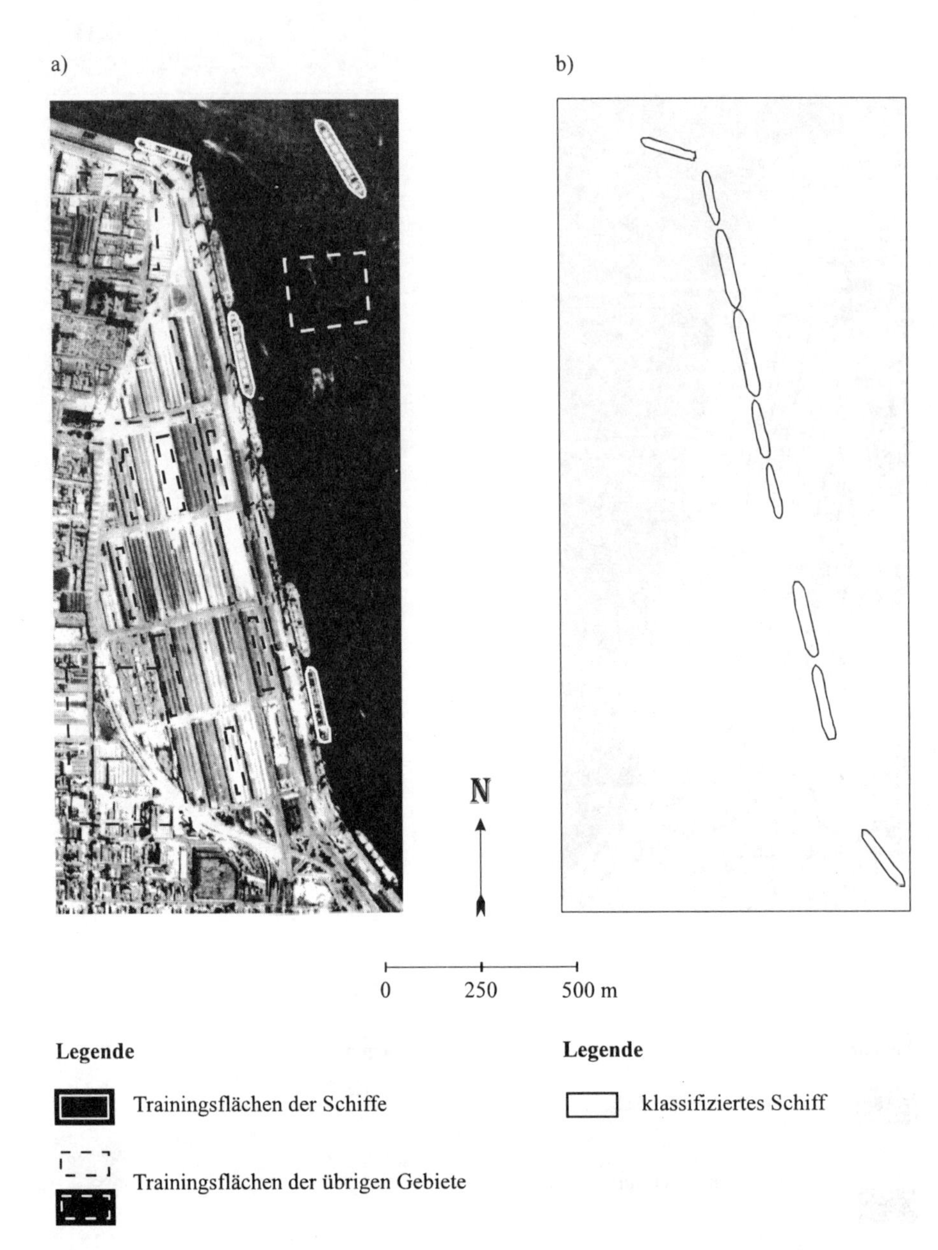

Abb. 47: Klassifizierte Schiffe

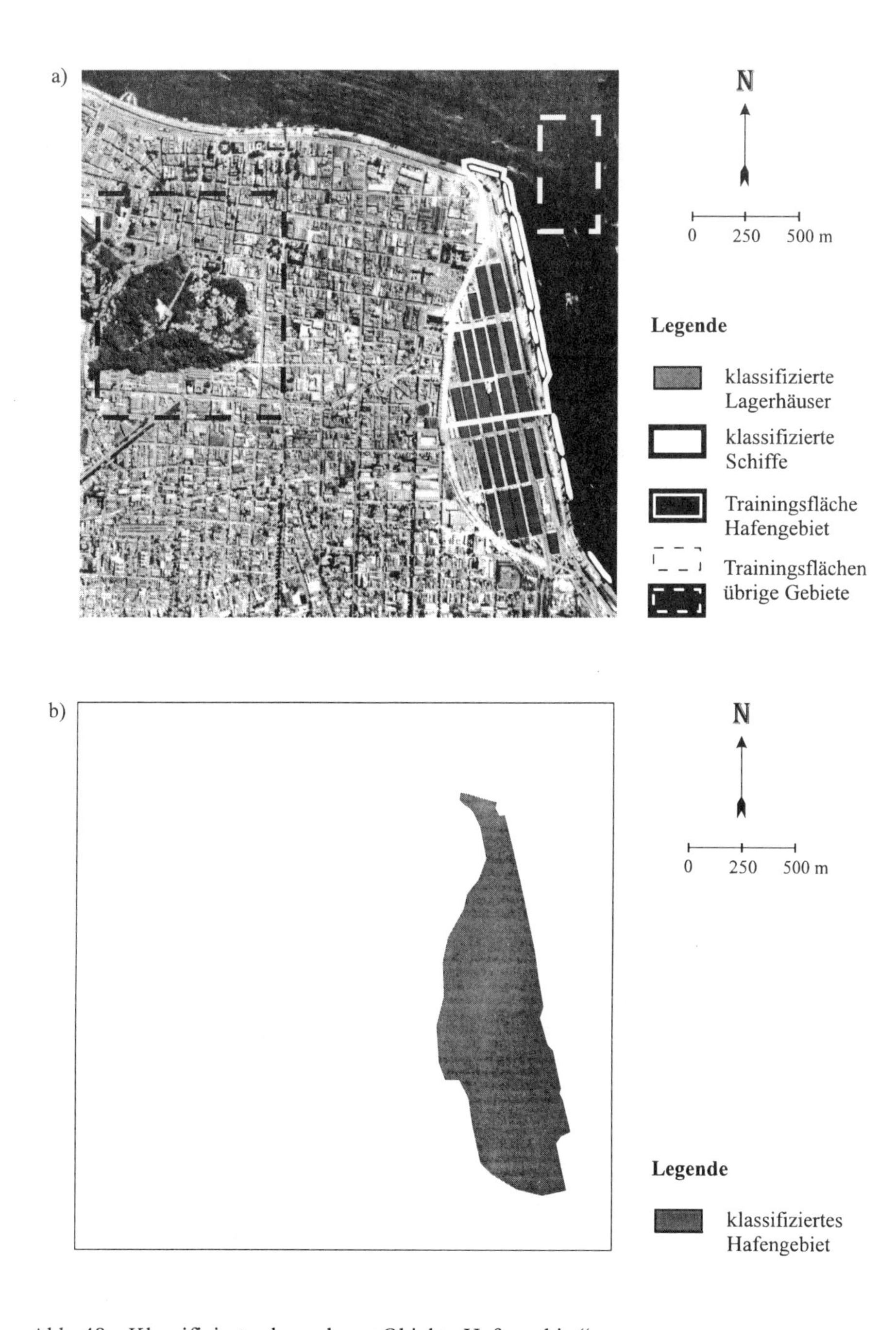

Abb. 48: Klassifiziertes komplexes Objekt „Hafengebiet“

6 ZUSAMMENFASSUNG

In dieser Arbeit wird ein Klassifikationsverfahren vorgestellt, welches es ermöglicht, aus Luft- und Satellitenbildern komplexe Strukturen der Landnutzung zu identifizieren. Die Bezeichnung Landnutzung deutet an, daß ein Verfahren vorliegt, welches auch Informationen aus dem räumlichen Kontext eines zu klassifizierenden Pixels verarbeiten kann. Die Landnutzung eines Pixels läßt sich - im Gegensatz zur als bildpunktbezogen betrachteten physikalischen Landbedeckung - nur geeignet charakterisieren und klassifizieren, wenn neben den spektralen Eigenschaften dieses Pixels auch dessen Umgebung in die Betrachtung eingeht. Gerade für Landnutzungsklassen mit einer hohen räumlichen und spektralen Variabilität, wie z. B. städtische Teilräume, kommt diesem Umstand eine besondere Bedeutung zu. Rein pixelbezogene Klassifikationsverfahren erzielen in diesen Gebieten in der Regel keine guten Resultate, zumal sie häufig auch nur spektrale Merkmale in die Klassifikation einbeziehen. Statt dessen sind Ansätze notwendig, die in die Entscheidung, welcher Klasse ein Pixel zugeordnet werden soll, sowohl spektrale als auch umgebungsabhängige Merkmale einfließen lassen.

In den letzten Jahren wurden zahlreiche derartige kontextbezogene Verfahren entwickelt, z. T. auch mit recht gutem Anwendungserfolg. Gemeinsames Kennzeichen all dieser Verfahren ist ihre Fähigkeit, daß sie eine Landnutzungskarte produzieren können, in der Flächen dargestellt werden, die als eine räumlich-thematische Aggregation verschiedener Pixel mit unterschiedlicher Landbedeckung aufzufassen sind. Wie hoch das Aggregationsniveau ist, hängt von der Größe der betrachteten Umgebung ab. Je mehr Pixel um ein zu klassifizierendes Pixel herum in die Analyse einfließen, desto weniger fallen einzelne Teilregionen der Umgebung zur Charakterisierung der gesamten Umgebung ins Gewicht. Man beschränkt sich daher - nicht zuletzt auch aus rechentechnischen Gründen - auf die Betrachtung relativ kleiner Umgebungen wie z. B. Fenster von 3 x 3 bis 9 x 9 Pixeln. Gerade bei hochauflösenden Datensätzen mit einer Bodenelementüberdeckung von z. T. weniger als 10 m x 10 m können sich aber auch flächenmäßig kleine Objekte wie einzelne Häuser mitunter aus mehreren Pixeln zusammensetzen. Dann führen kleine Fenstergrößen nur zu einer Klassifikation der unmittelbar lokalen Landnutzung, wenn man hier überhaupt schon von einer Landnutzung sprechen kann.

Solange die lokale Landnutzung ähnlich der in einem größeren Umfeld ist, stellen kleine Fenstergrößen kein Problem dar. In diesem Fall können Landnutzungsarten gut über ihre Textur und damit verbundene Merkmale wie Co-Occurrence-Matrizen beschrieben werden. Mit zunehmender Bildauflösung jedoch - ein entsprechender Satz wird in dieser Arbeit bewiesen - läßt sich eine Unterscheidung verschiedener Landnutzungsarten anhand von herkömmlichen Texturmerkmalen immer schwieriger vornehmen.

Komplexe Landnutzungsmuster, welche aus Teilnutzungen unterschiedlichen Typs zusammengesetzt sind, die ihrerseits wieder in Nutzungsarten zerfallen können, lassen sich wesentlich besser durch die Darstellung ihrer Flächenanordnung charakterisieren als durch eine Umgebungsbeschreibung der alle Muster letztlich aufbauenden Pixel. Dieser Ansatz liegt dem hier entwickelten Verfahren zugrunde.

Die vorgestellte Methode basiert auf einer Modifikation des zur Beschreibung von Texturen erfolgreich angewandten Konzepts der Co-Occurrence-Matrix. Hierzu wird zunächst auf den Bilddaten - nach rein spektralen Gesichtspunkten - eine pixelbezogene unüberwachte ISODATA-Vorklassifikation durchgeführt. Sie erzeugt eine Karte der Landbedeckung, aus der sich Regionen, d. h. zusammenhängende Pixelgruppen mit identischer Klassenzugehörigkeit bestimmen lassen. Anschließend werden - anders als im Falle von Co-Occurrence-Matrizen - keine Häufigkeiten von Pixelgrauwertübergängen ausgezählt, sondern Längen von Grenzen berechnet, die benachbarte Regionen in einem bestimmten, vom Benutzer vorher festzulegenden Bildausschnitt oder Fenster gemeinsam haben. Diese Grenzlängen werden in Einheiten eines von der konkreten Bildauflösung unabhängigen Bezugssystems ermittelt und bilden die Elemente einer polygonbasierten Co-Occurrence-Matrix, kurz: PCM.

Die Bezeichnung „polygonbasiert“ mag im Zusammenhang mit im Rasterformat vorliegenden Fernerkundungsdaten zunächst widersprüchlich klingen. Da jedoch Grenzlängen von benachbarten Flächen betrachtet werden, lassen sich durch diesen Ansatz in beliebigen, auch im Vektorformat vorliegenden thematischen Karten Strukturmuster charakterisieren, so daß die Bezeichnung „polygonbasiert“ durchaus konsequent ist. Hinzu kommt, daß sich die Regionen einer Landbedeckungskarte durch Vektorisierung der Umrisse in entsprechende Polygone überführen lassen.

Im Gegensatz zu verschiedenen Kartenkomplexitätsmaßen erfolgt die Beschreibung der Strukturmuster nicht durch eine einzige Maßzahl, sondern durch die konkrete Angabe der paarweisen geometrischen Interaktion der thematischen Klassen. Reduzieren sich dagegen die einzelnen Polygone bzw. Regionen auf die Größe von Pixeln, geht die polygonbasierte Co-Occurrence-Matrix in eine herkömmliche Co-Occurrence-Matrix über. Diese Anpassungsfähigkeit kennzeichnet die herausragende Eigenschaft des vorgestellten Ansatzes.

Ist k die Anzahl der aus der ISODATA-Klassifikation entstandenen Klassen, so läßt sich dem im Betrachtungsfenster zentral gelegenen Polygon eine $k \times k$-Matrix mit den jeweiligen Grenzlängen im betrachteten Fenster zuordnen. Verschiebt man das Betrachtungsfenster über alle Polygone des Bildes, so kann jeder Fläche - mit Ausnahme der Bildränder - eine derartige Charakterisierung in Form einer PCM zugeordnet werden.

Die eigentliche Klassifikation der Strukturmuster erfolgt überwacht. Hierzu identifiziert der Anwender anhand von Trainingsgebieten zunächst bekannte thematische Muster (z. B. die Landnutzung) auf einer bestimmten Aggregationsstufe. Für alle Teilpolygone der Trainingsflächen werden dann aus den zugehörigen PCMs Trainingsdatensätze für ein neuronales Netz generiert. Nach Abschluß der Trainingsphase können dem trainierten Netz dann sämtliche Regionen bzw. Polygone des Bildes zur Klassifikation präsentiert werden.

Als Netztyp kommt mit ATL ein Modell zum Einsatz, welches bislang noch nicht für die Klassifikation von Fernerkundungsdaten eingesetzt wurde. Aufgrund seiner dynamischen Topologie und der damit verbundenen schnellen Konvergenz während der Lernphase stellt es aber eine beachtenswerte Alternative zu konventionellen Ansätzen wie Backpropagation dar.

Ein weiterer Vorteil der vorgestellten Methode liegt in ihrer Modularität. So können sowohl der ISODATA-Algorithmus als auch das ATL-Netz problemlos durch andere Klassifikatoren bzw. Netztypen ersetzt werden. Lediglich die PCM verbleibt als zentraler Bestandteil der Methode.

Verschiedene Tests des entwickelten Verfahrens mit Luft- und Satellitenbildern aus dem Raum Santos / Brasilien erbrachten sehr vielversprechende Ergebnisse. Auch wenn diese als exemplarisch zu bezeichnen sind, so scheinen die praktischen Stärken des Verfahrens insbesondere im Monitoring von deutlich strukturierten Einzelobjekten wie auch von spezifischen Landschaftsmustern zu liegen, solange es nicht auf die genaue geometrische Abgrenzung der komplexen Objekte ankommt. Anwendungsmöglichkeiten finden sich daher z. B. im Bereich der Überwachung von illegalen Bautätigkeiten oder der Detektierung von Veränderungen im agraren Landnutzungsgefüge. Hierzu besteht aber ebenso noch weiterer Forschungsbedarf wie zur Ableitung der für die Bestimmung der Grenzlängen und damit für das Klassifikationsergebnis wichtigen Fenstergrößen, welche bislang noch nicht befriedigend automatisiert werden konnte. Und nicht zuletzt darf nie vergessen werden, daß auch eine noch so genaue Klassifikation von Fernerkundungsdaten immer nur das räumliche Muster von Objekten, nicht aber deren funktionale Beziehungen untereinander beschreiben kann.

LITERATURVERZEICHNIS

ABMAYR, W. (1994): Einführung in die digitale Bildverarbeitung. Stuttgart: Teubner.

ALBERTZ, J. (1991): Grundlagen der Interpretation von Luft- und Satellitenbildern. Eine Einführung in die Fernerkundung. Darmstadt: Wissenschaftliche Buchgesellschaft.

AMADAMN, M. & KING, R. A. (1988): Low Level Segmentation of Multispectral Images Via Agglomerative Clustering of Uniform Neighborhoods. In: Pattern Recognition 21, S. 261 - 268.

ARRAI, K. (1993): A Classification Method with a Spatial-Spectral Variability. In: International Journal of Remote Sensing 14, S. 699 - 709.

AZIMI-SADJADI, M. R.; GHALOUM, S. & ZOUGHI, R. (1993): Terrain Classification in SAR Images Using Principal Components Analysis and Neural Networks. In: IEEE Transactions on Geoscience and Remote Sensing 31, S. 511 - 515.

BADHWAR, G. D. (1984): Classification of Corn and Soybeans Using Multitemporal Thematic Mapper Data. In: Remote Sensing of Environment 16, S. 175 - 182.

BALL, G. H. & HALL, D. J. (1967): A Clustering Technique for Summarizing Multivariate Data. In: Behavioral Sciences 12, S. 153 - 155.

BARALDI, A. & PARMIGGIANI, F. (1990): Urban Area Classification by Multispectral SPOT Images. In: IEEE Transactions on Geoscience and Remote Sensing 28, S. 674 - 680.

BARALDI, A. & PARMIGGIANI, F. (1995a): A Neural Network Model for Unsupervised Categorization of Multivalued Input Patterns: An Application to Satellite Image Clustering. In: IEEE Transactions on Geoscience and Remote Sensing 33, S. 305 - 316.

BARALDI, A. & PARMIGGIANI, F. (1995b): Urban Area Classification by Multispectral SPOT Images. In: Proceedings of the International Geoscience and Remote Sensing Symposium 1995 (IGARSS '95), Florenz. New York: IEEE, Inc., S. 1258 - 1262.

BARNDARD, E. & BOTHA, E. C. (1993): Back-Propagation Using Prior Information Efficiently. In: IEEE Transactions on Neural Networks 4, S. 794 - 802.

BARROS, M. S. S.; NOWOSAD, A. G. & DE ANDRADE AMORIM, M. C. (1993): On Initialization of Back Propagation Neural Networks for Land Cover Classification Using Satellite Imageries. In: Proceedings of the International Geoscience and Remote Sensing Symposium 1993 (IGARSS '93), Houston. New York: IEEE, Inc., S. 902 - 904.

BENEDIKTSSON, J. A.; SWAIN, P. H. & ERSOY, O. K. (1990): Neural Network Approaches Versus Statistical Methods in Classification of Multisource Remote Sensing Data. In: IEEE Transactions on Geoscience and Remote Sensing 28, S. 540 - 552.

BENEDIKTSSON, J. A.; SWAIN, P. H. & ERSOY, O. K. (1993): Conjugate-Gradient Neural Networks in Classification of Multisource and Very-High-Dimensional Remote Sensing Data. In: International Journal of Remote Sensing 14, S. 2883 - 2903.

BISCHOF, H.; SCHNEIDER, W. & PINZ, A. J. (1992): Multispectral Classification of Landsat-Images Using Neural Network. In: IEEE Transactions on Geoscience and Remote Sensing 30, S. 482 - 490.

BLOM, R. G. & DAILY, M. (1982): Radar Image Processing for Rock-Type Discrimination. In: IEEE Transactions on Geoscience and Remote Sensing 20, S. 234 - 255.

BLONDA, P.; BENNARDO, A.; LA FORGIA, V. & SATALINO, G. (1995): Modular Neural System, Based on a Fuzzy Clustering Network, for Classification. In: Proceedings of the International Geoscience and Remote Sensing Symposium 1995 (IGARSS '95), Florenz. New York: IEEE, Inc., S. 449 - 451.

BOLSTAD, P. V. & LILLESAND, T. M. (1991): Rapid Maximum Likelihood Classification. In: Photogrammetric Engineering & Remote Sensing 57, S. 67 - 74.

BREGT, A. K. & WOPEREIS, M. C. S. (1990): Comparison of Complexity Measures for Choropleth Maps. In: The Cartographic Journal 27, S. 85 - .91

BRODATZ, P. (1966): Textures. A Photographic Album for Artists and Designers. New York: Dover Publications, Inc.

BRUZZONE, L.; ROLI, F. & SERPICO, S. B. (1995): An Experimental Comparison of Neural Networks for the Classification of Multisensor Remote-Sensing Images. In: Proceedings of the International Geoscience and Remote Sensing Symposium 1995 (IGARSS '95), Florenz. New York: IEEE, Inc., S. 452 - 453.

CARMAN, C. S. & MERICKEL, M. B. (1990): Supervising Isodata with an Information Theoretic Stopping Rule. In: Pattern Recognition 23, S. 185 - 197.

CHEN, Z.; DAVIS, D. T.; TSANG, L.; HWANG, J.-N. & NJOKU, E. (1994): Retrieval of Semi-Arid Region Parameters from Passive Microwave Measurements Using Neural Networks Within a Bayesian Framework. In: Proceedings of the International Geoscience and Remote Sensing Symposium 1994 (IGARSS'94), Pasadena. New York: IEEE, Inc., S. 1398 - 1400.

CHEN, K. S.; TZENG, Y. C. & KAO, W. L. (1993): Retrieval of Surface Parameters Using Dynamic Learning Neural Network. In: Proceedings of the International Geoscience and Remote Sensing Symposium 1993 (IGARSS '93), Tokio. New York: IEEE, Inc., S. 505 - 507.

CHEN, K. S.; TZENG, Y. C.; CHEN, C. F.; KAO, W. L. (1995): Land-Cover Classification of Multispectral Imagery Using a Dynamic Learning Neural Network. In: Photogrammetric Engineering & Remote Sensing 61, S. 403 - 408.

CHEN, K. S.; TZENG, Y. C.; CHEN, C. F.; KAO, W. L. & NI, C. L. (1993): A Classification of Multispectral Imagery Using Dynamic Learning Neural Network. In: Proceedings of the International Geoscience and Remote Sensing Symposium 1993 (IGARSS '93), Tokio. New York: IEEE, Inc., S. 896 - 898.

CHESTER, M. (1993): Neural Networks. A Tutorial. Englewood Cliffs: Prentice Hall, Inc.

CLARK, C. & CAÑAS, A. (1995): Spectral Identification by Artificial Neural Network and Genetic Algorithm. In: International Journal of Remote Sensing 16, S. 2255 - 2275.

CONGALTON, R. G. (1991): A Review of Assessing the Accuracy of Classifications of Remotely Sensed Data. In: Remote Sensing of Environment 37, 1991, S. 35 - 46.

CONNERS, R. W. & HARLOW, C. A. (1980): A Theoretical Comparison of Texture Algorithms. In: IEEE Transactions on Pattern Analysis and Machine Intelligence 2, S. 204 - 222.

CUBERO-CASTAN, E.; PONS, I. & ZERUBIA, J. (1995): Evaluation on SPOT Data of Classification Algorithms Based on Markovian Modelization. In: Proceedings of the International Geoscience and Remote Sensing Symposium 1995 (IGARSS '95), Florenz. New York: IEEE, Inc., S. 115 - 117.

DAVIS, L. S.; JOHNS, S. A. & AGGARWAL, J. K. (1979): Texture Analysis Using Generalized Co-Occurrence Matrices. In: IEEE Transactions on Pattern Analysis and Machine Intelligence 1, S. 251 - 259.

DAWSON, M. S.; AMAR, F.; MANRY, M. T.; RAWAT, V.& FUNG, A. K. (1994): Classification of Remote Sensing Data Using Fast Learning Neural Networks and Topology Selection Algorithms. In: Proceedings of the International Geoscience and Remote Sensing Symposium 1994 (IGARSS'94), Pasadena. New York: IEEE, Inc., S. 1410 - 1412.

DAWSON, M. S.; FUNG, A. K. & MANRY, M. T. (1992): Sea Ice Classification Using Fast Learning Neural Networks. In: Proceedings of the International Geoscience and Remote Sensing Symposium 1992 (IGARSS '92), Houston. New York: IEEE, Inc., S. 1070 - 1071.

DECATUR, S. E. (1989): Application of Neural Networks to Terrain Classification. In: Proceedings of the International Joint Conference on Neural Networks, Vol. 1, S. 283 - 288.

DI ZENZO, S.; BERNSTEIN, R.; DEGLORIA, S. D. & KOLSKY, H. G. (1987): Gaussian Maximum Likelihood and Contextual Classification Algorithms for Multicrop Classification. In: IEEE Transactions on Geoscience and Remote Sensing 25, S. 805 - 814.

DI ZENZO, S.; DEGLORIA, S. D.; BERNSTEIN , R. & KOLSKY, H. G. (1987): Gaussian Maximum Likelihood and Contextual Classification Algorithms for Multicrop Classification Experiments Using Thematic Mapper and Multispectral Scanner Sensor Data. In: IEEE Transactions on Geoscience and Remote Sensing 25, S. 815 - 824.

DOWNEY, I. D.; POWER, C. H.; KANELLOPOULOS, I. & WILKINSON, G. (1992): A Performance Comparison of Landsat TM Land Cover Classification Based on Neural Network Techniques and Traditional Maximum Likelihood and Minimum Distance Algorithms. In: Proceedings of the 18. Annual Conference of the Remote Sensing Society. Dundee, S. 518 - 528.

DREYER, P. (1993): Classification of Land Cover Using Optimized Neural Nets on SPOT Data. In: Photogrammetric Engineering & Remote Sensing 59, S. 617 - 621.

DUNCAN, J. S. & FREI, W. (1990): Relaxation Labeling Using Continuous Label Sets. In: Pattern Recognition Letters 9, S. 27 - 37.

DUTRA, L. V. & MASCARENHAS, N. D. A. (1984): Some Experiments with Spatial Feature Extraction Methods in Multispectral Classification. In: International Journal of Remote Sensing 5, S. 303 - 313.

EKLUNDH, J. O.; YAMAMOTO, H. & ROSENFELD, A. (1980): A Relaxation Method for Multispectral Pixel Classification. In: IEEE Transaction on Pattern Analysis and Machine Intelligence 2, S. 72 - 75.

ERDAS (1994): ERDAS Field Guide. 3. Auflage. Atlanta: ERDAS, Inc.

FAUGERAS, O. D. & BERTHOD, M. M. (1981): Improving Consistency and Reducing Ambiguity in Stochastic Labeling: An Optimization Approach. In: IEEE Transactions on Pattern Analysis and Machine Intelligence 3, S. 412 - 424.

FOODY, G. M. (1994): Ordinal-Level Classification of Sub-Pixel Tropical Forest Cover. In: Photogrammetric Engineering & Remote Sensing 60, S. 61 - 65.

FOODY, G. M. (1995): Using Prior Knowledge in Artificial Neural Network Classification with a Minimal Training Set. In: International Journal of Remote Sensing 16, S. 301 - 312.

FOODY, G. M.; CAMPBELL, N. A.; TRODD, N. M. & WOOD, T. F. (1992): Derivation and Applications of Class Membership from the Maximum-Likelihood Classification. In: Photogrammetric Engineering & Remote Sensing 58, S. 1335 - 1341.

FOODY, G. M. & COX, D. P. (1994): Sub-Pixel Land Cover Composition Estimation Using a Linear Mixture Model and Fuzzy Membership Functions. In: International Journal of Remote Sensing 15, S. 619 - 631.

FOODY, G. M.; McCULLOCH, M. B. & YATES, W. B. (1995): Classification of Remotely Sensed Data by an Artificial Neural Network: Issues Related to Training Data Characteristics. In: Photogrammetric Engineering & Remote Sensing 61, S. 391 - 401.

FRANKLIN, S. E. & PEDDLE, D. R. (1990): Classification of SPOT HRV Imagery and Texture Features. In: International Journal of Remote Sensing 11, S. 551 - 556.

FU, K. S. & YU, T. S. (1980): Spatial Pattern Classification Using Contextual Information. Chistester: Research Studies Press.

FUNG, T. & CHAN, K. (1994): Spatial Composition of Spectral Classes: A Structural Approach for Image Analysis of Heterogeneous Land-Use and Land-Cover Types. In: Photogrammetric Engineering & Remote Sensing 60, S. 173 - 180.

GIERLOFF-EMDEN, H.-G. (1989): Fernerkundungskartographie mit Satellitenaufnahmen. Wien: Deuticke.

GONG, P. & HOWARTH, P. J. (1989a): A Modified Probabilistic Relaxation Approach to Land Cover Classification. In: Proceedings of the International Geoscience and Remote Sensing Symposium 1989 (IGARSS '89), Vancouver. New York: IEEE, Inc., S. 1621 - 1624.

GONG, P. & HOWARTH, P. J. (1989b): Performance Analyses of Probabilistic Relaxation Methods for Land-Cover Classification. In: Remote Sensing of Environment 30, S. 33 - 42.

GONG, P. & HOWARTH, P. J. (1990): A Graphical Approach for Evaluation of Land-Cover Classification Procedures. In: International Journal of Remote Sensing 11, S. 899 - 905.

GONG, P. & HOWARTH, P. J. (1992a): Land-Use Classification of SPOT HRV Data Using a Cover-Frequency Method. In: International Journal of Remote Sensing 13, S. 1459 - 1471.

GONG, P. & HOWARTH, P. J. (1992b): Frequency-Based Contextual Classification and Gray-Level Vector Reduction for Land-Use Identification. In: Photogrammetric Engineering & Remote Sensing 58, S. 423 - 437.

GONZÁLEZ , A. F. & LOPEZ SORIA, S. (1991): Using Contextual Information to Improve Land Use Classification of Satellite Images in Central Spain. In: International Journal of Remote Sensing 12, S. 2227 - 2235.

GONZALEZ, R. C. & WOODS, R. E. (1992): Digital Image Processing. Reading, MA: Addison-Wesley, Inc.

GÖPFERT, W. (1991): Raumbezogene Informationssysteme. Grundlagen der integrierten Verarbeitung von Punkt-, Vektor- und Rasterdaten. 2. Auflage. Karlsruhe: Wichmann.

HABERÄCKER, P. (1991): Digitale Bildverarbeitung. Grundlagen und Anwendungen. 4. Auflage. München: Hanser Verlag.

HAGG, W.; SEGL, K. & STIES, M. (1995): Classification of Urban Areas in Multi-Date ERS-1 Images Using Structural Features and a Neural Network. In: Proceedings of the International Geoscience and Remote Sensing Symposium 1995 (IGARSS '95), Florenz. New York: IEEE, Inc., S. 901 - 903.

HALL, D. J. & BALL, G. B. (1965): ISODATA: A Novel Method of Data Analysis and Pattern Classification. Technical Report. Stanford Research Institute, Menlo Park, CA.

HARA, Y.; ATKINS, R. G.; YUEH, S. H.; SHIN, R. T. & KONG, J. A. (1994): Application of Neural Networks to Radar Image Classification. In: IEEE Transactions on Geoscience and Remote Sensing 32, S. 100 - 109.

HARALICK, R. M. (1979): Statistical and Structural Approaches to Texture. In: Proceedings of the IEEE 67, S. 786 - 804.

HARALICK, R. M. (1983): An Interpretation for Probabilistic Relaxation. In: Computer Vision, Graphics, and Image Processing 22, S. 388 - 395.

HARALICK, R. M. & JOO, H. (1986): A Context Classifier. In: IEEE Transactions on Geoscience and Remote Sensing 24, S. 997 - 1007.

HARALICK, R. M.; SHANMUGAM, K. & DINSTEIN, I. (1973): Textural Features for Image Classification. In: IEEE Transactions on Systems, Man, and Cybernetics 3, S. 610 - 621.

HARALICK, R. M. & SHAPIRO, L. G. (1992): Computer and Robot Vision, Vol. 1. Reading, MA: Addison-Wesley, Inc.

HASLETT, J. (1985): Maximum Likelihood Discriminant Analysis on the Plane Using a Markovian Model of Spatial Context. In: Pattern Recognition 18, S. 287 - 296.

HAYKIN, S. ; STEHWIEN, W.; WEBER, P.; DENG, C. & MANN, R. (1991): Classification of Radar Clutter in Air Traffic Control Environment. In: Proceedings of the IEEE 79, S. 741 - 772.

HAYKIN, S. (1994): Neural Networks. A Comprehensive Foundation. New York: Macmillan College Publishing Company, Inc.

HEERMANN, P. D. & KHAZENIE, N. (1992): Classification of Multispectral Remote Sensing Data Using a Back-Propagation Neural Network. In: IEEE Transactions on Geoscience and Remote Sensing 30, S. 81 - 88.

HEPNER, G. F.; LOGAN, T.; RITTER, N. & BRYANT, N. (1990): Artificial Neural Network Classification Using a Minimal Training Set: Comparison to Conventional Supervised Classification. In: Photogrammetric Engineering & Remote Sensing 56, S. 469 - 473.

HOFFMANN, N. (1993): Kleines Handbuch neuronale Netze. Braunschweig, Wiesbaden: Vieweg.

HONG, S.; FUKUE, K.; SHIMODA, H. & SAKATA, T. (1992): Non-Parametric Texture Extraction Using Neural Network. In: Proceedings of the International Geoscience and Remote Sensing Symposium 1992 (IGARSS'92), Houston. New York: IEEE, Inc., S. 1084 - 1086.

HOWALD, K. J. (1989): Neural Network Image Classification. In: American Society for Photogrammetry and Remote Sensing; 1989 ASPRS-ACSM Fall Convention, S. 207 - 215.

HSU, S. (1978): Texture-Tone Analysis for Automated Landuse Mapping. In: Photogrammetric Engineering & Remote Sensing 44, S. 1393 - 1404.

HUNG, C.-C. (1993): Competitive Learning Networks for Unsupervised Training. In: International Journal of Remote Sensing 14, S. 2411 - 2415.

HUSH, D. R. & HORNE, B. G. (1993): Progress in Supervised Neural Networks. In: IEEE Signal Processing Magazine 1, S. 8 - 39.

INOUE, A.; FUKUE, K.; SHIMODA, H. & SAKATA, T. (1993): A Classification Method Using Spatial Information Extracted by Neural Network. In: Proceedings of the International Geoscience and Remote Sensing Symposium 1993 (IGARSS'93), Tokio. New York: IEEE, Inc., S. 893 - 895.

IRONS, J. R. & PETERSON, G. W. (1981): Texture Transforms of Remote Sensing Data. In: Remote Sensing of Environment 11, S. 359 - 370.

IYENGAR, S. S. & DENG, W. (1995): An Efficient Edge Detection Algorithm Using Relaxation Labeling Technique. In: Pattern Recognition 28, S. 519 - 536.

JÄHNE, B. (1993): Digitale Bildverarbeitung. 3. Auflage. Berlin, Heidelberg, New York: Springer-Verlag.

JANSSEN, L. L. F.; JAARSMA, M. N. & VAN DER LINDEN, E. T. M. (1990): Integrating Topographic Data with Remote Sensing for Land-Cover Classification. In: Photogrammetric Engineering & Remote Sensing.

JENSEN, J. R. (1979): Spectral and Textural Features to Classify Elusive Land Cover at the Urban Fringe. In: The Professional Geographer 31, S. 400 - 409.

JEON, B. & LANDGREBE, D. A. (1992): Classification with Spatio-Temporal Interpixel Class Dependency Contexts. In: IEEE Transactions on Geoscience and Remote Sensing 30, S. 663 - 672.

JHUNG, Y. & SWAIN, P. H. (1994): A Contextual Classifier Based on Markov Random Fields and Robust M-Estimates. In: Proceedings of the International Geoscience and Remote Sensing Symposium 1994 (IGARSS'94), Pasadena. New York: IEEE, Inc., S. 1169 - 1171.

JOHNSSON, K. (1994): Segment-Based Land-Use Classification from SPOT Satellite Data. In: Photogrammetric Engineering & Remote Sensing 60, S. 47 - 53.

JOHNSSON, K. (1995): Fragmentation Index as a Region Based GIS Operator. In: International Journal of Geographical Information Systems 9, S. 211 - 220.

KÄHNY, D.; CICHON, D. J.; SCHMITT, K. & WIESBECK (1992): Classification of SAR-Data Using Neural Networks and Polarimetric Filters. In: Proceedings of the International Geoscience and Remote Sensing Symposium 1992 (IGARSS'92), Houston. New York: IEEE, Inc., S. 59 - 61.

KALAYEH, H. M. & LANDGREBE, D. A. (1984): Adaptive Relaxation Labeling. In: IEEE Transactions on Pattern Analysis and Machine Intelligence 6, S. 369 - 372.

KALAYEH, H. M. & LANDGREBE, D. A. (1987): Stochastic Model Utilizing Spectral and Spatial Characteristics. In: IEEE Transactions on Pattern Analysis and Machine Intelligence 9, S. 457 - 461.

KAMATA, S.-I. & KAWAGUCHI, E. (1993): Application of Neural Network Approach to Classify Multi-Temporal Landsat Images. In: Proceedings of the International Geoscience and Remote Sensing Symposium 1993 (IGARSS'93), Tokio. New York: IEEE, Inc., S. 716 - 718.

KANELLOPOULOS, I.; VARFIS, A.; WILKINSON, G. G. & MÉGIER, J. (1992): Land-Cover Discrimination in SPOT HRV Imagery Using an Artificial Neural Network - a 20-Class Experiment. In: International Journal of Remote Sensing 13, S. 917 - 924.

KANELLOPOULOS, I.; WILKINSON, G. G. & MÉGIER, J. (1993): Integration of Neural Network and Statistical Image Classification for Land Cover Mapping. In: International Geoscience and Remote Sensing Symposium (IGARSS '93), Tokio. New York: IEEE, Inc., S. 511 - 513.

KARTIKEYAN, B.; GOPALAKRISHNA, B.; KALUBARME, M. H. & MAJUMDER, K. L. (1994): Contextual Techniques for Classification of High and Low Resolution Remote Sensing Data. In: International Journal of Remote Sensing 15, S. 1037 - 1051.

KARTIKEYAN, B.; MAJUMDER, K. L. & DASGUPTA, A. R. (1995): An Expert System for Land Cover Classification. In: IEEE Transactions on Geoscience and Remote Sensing 33, S. 58 - 66.

KAWAMURA, M. & TSUJIKO, Y. (1993): Multispectral Classification of Landsat TM Data Using a Cooperative Learning Neural Network. In: Proceedings of the International Geoscience and Remote Sensing Symposium 1993 (IGARSS'93), Tokio. New York: IEEE, Inc., S. 508 - 510.

KETTIG, R. L. & LANDGREBE, D. A. (1976): Classification of Multispectral Image Data by Extraction and Classification of Homogeneous Objects. In: IEEE Transactions on Geoscience and Remote Sensing 14, S. 17 - 26.

KEY, J.; MASLANIK, J. A. & SCHWEIGER, A. J. (1989): Classification of Merged AVHRR and SMMR Arctic Data with Neural Networks. In: Photogrammetric Engineering & Remote Sensing 55, S. 1331 - 1338.

KHAZENIE, N. & CRAWFORD, M. M. (1990): Spatial-Temporal Autocorrelated Model for Contextual Classification. In: IEEE Transactions on Geoscience and Remote Sensing 28, S. 529 - 539.

KIM, K.-O.; YANG, Y.-K.; LEE, J.-H.; CHOI, K.-H. & KIM, T.-K. (1995): Classification of Multispectral Image Using Neural Network. In: Proceedings of the International Geoscience and Remote Sensing Symposium 1995 (IGARSS '95), Florenz. New York: IEEE, Inc., S. 446 - 448.

KITTLER, J. & FÖGLEIN, J. (1984): Contextual Classification of Multispectral Pixel Data. In: Image and Vision Computing 2, S. 13 - 29.

KITTLER, J. & HANCOCK, E. R. (1989): Combining Evidence in Probabilistic Relaxation. In: International Journal of Pattern Recognition and Artificial Intelligence 3, S. 29 - 51.

KRATZER, K. P. (1990): Neuronale Netze. Grundlagen und Anwendungen. München, Wien: Hanser.

KULKARNI, A. D. (1994): Artificial Neural Networks for Image Understanding. New York: Van Nostrand Reinhold.

KUNG, S. Y. (1993): Digital Neural Networks. Englewood Cliffs: Prentice Hall, Inc.

KUSHWAHA, S. P. S.; KUNTZ, S. & OESTEN , G. (1994): Application of Image Texture in Forest Classification. In: International Journal of Remote Sensing 15, S. 2273 - 2284.

LANDGREBE, D. A. (1980): The Development of a Spectral-Spatial Classifier for Earth Observation Data. In: Pattern Recognition 12, S. 165 - 175.

LEE, J.; WEGER, R. C.; SENGUPTA, S. K. & WELCH, R. M. (1990): A Neural Network Approach to Cloud Classification. In: IEEE Transactions on Geoscience and Remote Sensing 28, S. 846 - 855.

LI, H.; LIU, Z. & SUN, W. (1993): A New Approach to Pattern Recognition of Remote Sensing Image Using Artificial Neural Network. In: Proceedings of the International Geoscience and Remote Sensing Symposium 1993 (IGARSS'93), Tokio. New York: IEEE, Inc., S. 713 - 715.

LI, R. & SI, H. (1992): Multi-Spectral Image Classification Using Improved Backpropagation Neural Networks. In: Proceedings of the International Geoscience and Remote Sensing Symposium 1992 (IGARSS'92), Houston. New York: IEEE, Inc., S. 1078 - 1080.

LICHTENEGGER, J. & SEIDEL, K. (1980): Landnutzungskartierung mit multitemporalen Landsat-MSS-Daten. In: Bildmessung und Luftbildwesen 48, S. 123 - 131.

LILLESAND, T. M. & KIEFER, R. W. (1994): Remote Sensing and Image Interpretation. 3. Auflage. New York: John Wiley & Sons.

LIPPMANN, R. P. (1987): An Introduction to Computing with Neural Nets. In: IEEE Acoustics, Speech and Signal Processing Magazine 4, S. 4 - 22.

LIU, Z. K. & XIAO, J. Y. (1991): Classification of Remotely-Sensed Image Data Using Artificial Neural Networks. In: International Journal of Remote Sensing 12, S. 2433 - 2438.

LOHMANN, G. (1991): An Evidential Reasoning Approach to the Classification of Satellite Images. Oberpfaffenhofen (= DLR-Forschungsberichte 91-29).

LURE, F. Y. M. & RAU, Y.-C. (1994): Detection of Ship Tracks in AVHRR Cloud Imagery with Neural Networks. In: Proceedings of the International Geoscience and Remote Sensing Symposium 1994 (IGARSS'94), Pasadena. New York: IEEE, Inc., S. 1401 - 1403.

MARCEAU, D. J.; HOWARTH, P. J.; DUBOIS, J.-M. M. & GRATTON, D. J. (1990): Evaluation of the Grey-Level Co-Occurrence Matrix Method For Land-Cover

Classification Using SPOT Imagery. In: IEEE Transactions on Geoscience and Remote Sensing 28, S. 513 - 519.

MASELLI, F.; CONESE, C.; PETKOV, L. & RESTI, R. (1992): Inclusion of Prior Probabilities Derived from a Nonparametric Process into the Maximum-Likelihood Classifier. In: Photogrammetric Engineering & Remote Sensing 58, S. 201 - 207.

McCLELLAN, G. E. u. a. (1989): Multispectral Image-Processing with a Three-Layer Backpropagation Network. In: Proceedings of the International Joint Conference on Neural Networks, Vol. 1, S. 151 - 153.

MERICKEL, M. B.; LANDGREBE, J. C. & SHEN, S. S. (1984): A Spatial Processing Algorithm to Reduce the Effects of Mixed Pixels and Increase the Separability Between Classes. In: Pattern Recognition 17, S. 525 - 533.

MOHN, E.; HJORT, N. L. & STORVIK, G. O. (1987): A Simulation Study of Some Contextual Classification Methods For Remotely Sensed Data. In: IEEE Transactions on Geoscience and Remote Sensing 25, S. 769 - 804.

MONMONIER, M. S. (1974): Measures of Pattern Complexity for Choroplethic Maps. In: The American Cartographer 1, S. 159 - 169.

MÜLLER, J. C. (1975): Definition, Measurement, and Comparison of Map Attributes in Choroplethic Mapping. In: Proceedings of the Association American Geographers 7, S. 160 - 164.

NEUROTEC (1993): NEURO-Compiler Professional. Bedienungshandbuch. Berlin: NEUROTEC GmbH.

NOOR, N. M.; RIJAL, O. M. & ISMAIL, I. (1993): A Look at Textures Analysis for Remote Sensing. In: Proceedings of the International Geoscience and Remote Sensing Symposium 1993 (IGARSS'93), Tokio. New York: IEEE, Inc., S. 2093 - 2095.

OMATU, S. & YOSHIDA, T. (1993): Pattern Classification for Remote Sensing Using Neural Network. In: Proceedings of the International Geoscience and Remote Sensing Symposium 1993 (IGARSS'93), Tokio. New York: IEEE, Inc., S. 899 - 901.

OWEN, A. (1984): A Neighborhood-Based Classifier for Landsat Data. In: Canadian Journal of Statistics 12, S. 191 - 200.

PEDDLE, D. R. & FRANKLIN, S. E. (1991): Image Texture Processing and Data Integration for Surface Pattern Discrimination. In: Photogrammetric Engineering & Remote Sensing 57, S. 413 - 420.

PELEG, S. (1980): A New Probabilistic Relaxation Scheme. In: IEEE Transactions on Pattern Analysis and Machine Intelligence 2, S. 362 - 369.

PIERCE, L. E.; SARABANDI, K. & ULABY, F. T. (1994): Application of an Artificial Neural Network in Canopy Scattering Inversion. In: International Journal of Remote Sensing 15, S. 3263 - 3270.

PYKA, K. & STEINOCHER, K. (1994): Auswahl eines optimalen Datensatzes für die multispektrale Klassifizierung unter Einbeziehung von Texturmerkmalsbildern. In: Zeitschrift für Photogrammetrie und Fernerkundung, H. 4, S. 116 - 122.

RAU, Y. C.; COMISO, C. & LURE, Y. M. F. (1994): Application of Neural Networks for Identification of Sea Ice Coverage and Movements from Satellite Imagery. In: Proceedings of the International Geoscience and Remote Sensing Symposium 1994 (IGARSS'94), Pasadena. New York: IEEE, Inc., S. 1407 - 1409.

RAU, Y. C. & LURE, Y. M. F. (1993): Classification of Remote Sensing Data Using Partially Trained Neural Network. In: Proceedings of the International Geoscience and Remote Sensing Symposium 1993 (IGARSS'93), Tokio. New York: IEEE, Inc., S. 728 - 730.

REILLY, D. L.; COOPER, L. N. & ELBAUM, C. (1982): A Neural Model for Category Learning. In: Biological Cybernetics 45, S. 35 - 41.

RICHARDS, J. A.; LANDGREBE, D. A. & SWAIN, P. H. (1981): Pixel Labeling by Supervised Probabilistic Relaxation. In: IEEE Transactions on Pattern Analysis and Machine Intelligence 3, S. 188 - 191.

RITTER, N. D. & HEPNER, G. F. (1990): Application of an Artificial Neural Network to Land-Cover Classification of Thematic Mapper Imagery. In: Computers and Geosciences 16, S. 873 - 880.

ROJAS, R. (1993): Theorie der neuronalen Netze. Eine systematische Einführung. Berlin, Heidelberg, New York: Springer-Verlag.

ROSENBLATT, F. (1958): The Perceptron: A Probabilistic Model for Information Storage and Organization in the Brain. In: Psychological Review 65, S. 386 - 408.

ROSENFELD, A.; HUMMEL, R. A. & ZUCKER, S. W. (1976): Scene Labeling by Relaxation Operations. In: IEEE Transactions on System, Man and Cybernetics 6, S. 420 - 433.

RUMELHART, D. E.; HINTON, G. E. & WILLIAMS, R. J. (1986): Learning Internal Representations by Error Propagation. In: RUMELHART, D. E. & McCLELLAND, J. (1986): Parallel Distributed Processing. Cambridge, MA: MIT Press.

SANTOS, J. R. DOS; VENTURIERI, A. & MACHADO, R. J. (1995): Monitoring Land Use in Amazonia Based on Image Segmentation and Neural Networks. In: Proceedings of the International Geoscience and Remote Sensing Symposium 1995 (IGARSS '95), Florenz. New York: IEEE, Inc., S. 108 - 111.

SCHREIER, H.; GOODFELLOW, L. C. & LAVKULICH, L. M. (1982): The Use of Digital Multi-Date Landsat Imagery in Terrain Classification. In: Photogrammetric Engineering & Remote Sensing 48, S. 111 - 119.

SERGI, R.; SOLAIMAN, B.; MOUCHOT, M. C.; PASQUARIELLO, G. & POSA, P. (1995): LANDSAT-TM Image Classification Using Principal Components Analysis and Neural Networks. In: Proceedings of the International Geoscience and Remote Sensing Symposium 1995 (IGARSS '95), Florenz. New York: IEEE, Inc., S. 1927 - 1929.

SERPICO, S. B.; ROLI, F.; PELLEGRETTI, P. & VERNAZZA, G. (1993): Structured Neural Networks for the Classification of Multisensor Remote-Sensing Images. In: Proceedings of the International Geoscience and Remote Sensing Symposium 1993 (IGARSS'93), Tokio. New York: IEEE, Inc., S. 907 - 909.

SCHÖNEBURG, E.; HANSEN, N. & GAWELCZYK, A. (1990): Neuronale Netzwerke. Einführung, Überblick und Anwendungsmöglichkeiten. 2. Auflage. Haar bei München: Markt & Technik.

SMITH, J. A. (1993): LAI Inversion Using a Back-Propagation Neural Network Trained with a Multiple Scattering Model. In: IEEE Transactions on Geoscience and Remote Sensing 31, S. 1102 - 1106.

SOLAIMAN, B. & MOUCHOT, M. C. (1994): A Comparative Study of Conventional and Neural Network Classification of Multispectral Data. In: Proceedings of the International Geoscience and Remote Sensing Symposium 1994 (IGARSS'94), Pasadena. New York: IEEE, Inc., S. 1413 - 1415.

STEPHANIDIS, C. N.; CRACKNELL, A. P. & HAYES, L. W. B. (1995): The Implementation of Self Organised Neural Networks for Cloud Classification in Digital Satellite Images. In: Proceedings of the International Geoscience and Remote Sensing Symposium 1995 (IGARSS '95), Florenz. New York: IEEE, Inc., S. 455 - 457.

STRAHLER, A. H. (1980): The Use of Prior Probabilities in Maximum Likelihood Classification of Remotely Sensed Data. In: Remote Sensing of Environment 10, S. 135 - 163.

STRATHMANN, F.-W. (1993): Taschenbuch zur Fernerkundung. 2. Ausgabe. Karlsruhe: Wichmann.

SWAIN, P. H. & DAVIS, S. M. (1978): Remote Sensing: The Quantitative Approach. New York: McGraw-Hill, Inc.

SWAIN, P. H.; VARDEMAN, S. B. & TILTON, J. C. (1981): Contextual Classification of Multispectral Image Data. In: Pattern Recognition 13, S. 429 - 441.

TILTON, J. C.; VARDEMAN, S. B. & SWAIN, P. H. (1982): Estimation of Contextual Statistical Classification of Multispectral Image Data. In: IEEE Transactions on Geoscience and Remote Sensing 20, S. 445 - 452.

TOUSSAINT, G. C. (1978): The Use of Context in Pattern Recognition. In: Pattern Recognition 10, S. 189 - 204.

TRIPATHI, N. K. & TRIPATHI, A. (1993): Feature Extraction from Multispectral Digital Images Using Artificial Neural Networks and Bayesian Classifier. In: Proceedings of the International Geoscience and Remote Sensing Symposium 1993 (IGARSS'93), Tokio. New York: IEEE, Inc., S. 905 - 906.

TSANG, L.; CHEN, Z.; OH, S.; MARKS, R. J. & CHANG, A. T. C. (1992): Inversion of Snow Parameters from Passive Microwave Remote Sensing Measurements by a Neural Network Trained with a Multiple Scattering Model. In: IEEE Transactions on Geoscience and Remote Sensing 30, S. 1015 - 1024.

TZENG, Y. C.; CHEN, K. S.; KAO, W.-L. & FUNG, A. K. (1994): A Dynamic Learning Neural Network for Remote Sensing Applications. In: IEEE Transactions on Geoscience and Remote Sensing 32, S. 1096 - 1102.

VEIJANEN, A. (1993): Contextual Estimators of Mixing Probabilities for Markov Chain Random Fields. In: Pattern Recognition 26, S. 763 - 769.

VENKATESWARLU, N. B. & RAJU, P. S. V. S. K. (1992): Fast Isodata Clustering Algorithms. In: Pattern Recognition 25, S. 335 - 342.

VENKATESWARLU, N. B. & SINGH, R. P. (1995): A Fast Maximum Likelihood Classifier. In: International Journal of Remote Sensing 16, S. 313 - 320.

VICKERS, A. L. & MODESTINO, J. W. (1982): A Maximum Likelihood Approach to Texture Classification. In: IEEE Transactions on Pattern Analysis and Machine Intelligence 8, S. 61 - 68.

WASSERMAN, P. D. (1989): Neural Computing. Theory and Practice. New York: Van Nostrand Reinhold.

WASSERMAN, P. D. (1993): Advanced Methods in Neural Computing. New York: Van Nostrand Reinhold.

WELCH, J. R. & SALTER, K. G. (1971): A Context Algorithm for Pattern Recognition and Image Interpretation. In: IEEE Transactions on System, Man and Cybernetics 1, S. 24 - 30.

WESZKA, J. S.; DYER, C. R. & ROSENFELD, A. (1976): A Comparative Study of Texture Measures for Terrain Classification. In: IEEE Transactions on System, Man, and Cybernetics 6, S. 269 - 285.

WHARTON, S. W. (1982): A Context-Based Land-Use Classification Algorithm for High-Resolution Remotely Sensed Data. In: Journal of Applied Photographic Engineering 8, S. 46 - 50.

WHARTON, S. W. (1983): A Generalized Histogram Clustering Scheme for Multidimensional Image Data. In: Pattern Recognition 16, S. 193 - 199.

WILKINSON, G. G.; KANELLOPOULOS, I.; KONTOES, C. & MÉGIER (1992): A Comparison of Neural Network and Expert System Methods for Analysis of Remotely-Sensed Imagery. In: Proceedings of the International Geoscience and Remote Sensing Symposium 1992 (IGARSS'92), Houston. New York: IEEE, Inc., S. 62 - 64.

WU, J. K. & TAKAGI, M. (1993): Remote Sensed Image Classification using Multi-Perspective Neural Networks. In: Proceedings of the International Geoscience and Remote Sensing Symposium 1993 (IGARSS'93), Tokio. New York: IEEE, Inc., S. 719 - 724.

YOSHIDA, T. & OMATU, S. (1994): Neural Network Approach to Land Cover Mapping. In: IEEE Transactions on Geoscience and Remote Sensing 32, S. 1103 - 1109.

ZELL, A. (1994): Simulation Neuronaler Netze. Bonn u. a.: Addison-Wesley, Inc.

ZHANG, L. & HOSHI, T. (1994): A Fuzzy Neural Network Model (FNN Model) for Classification Using Landsat-TM Image Data. In: Proceedings of the International Geoscience and Remote Sensing Symposium 1994 (IGARSS'94), Pasadena. New York: IEEE, Inc., S. 1416 - 1418.

ZHANG, M. & SCOFIELD, R. A. (1994): Artificial Neural Network Techniques for Estimating Heavy Convective Rainfall and Recognizing Cloud Mergers from Satellite Data. In: International Journal of Remote Sensing 15, S. 3241 - 3261.

ZHANG, Z.; SHIMODA, H.; FUKUE, K. & SAKATA, T. (1988): A New Spatial Classification Algorithm for High Ground Resolution Images. In: Proceedings of the International Geoscience and Remote Sensing Symposium 1988 (IGARSS'88), Edinburgh, S. 509 - 512.

ZHUANG, X.; ENGEL, B. A.; LOZANO-GARCIA, D. F.; FERNÁNDEZ, R. N. & JOHANNSEN, C. J. (1994): Optimization of Training Data Required for Neuro-Classification. In: International Journal of Remote Sensing 15, S. 3271 - 3277.

ZHUANG, X.; ENGEL, B. A.; XIONG, X. & JOHANNSEN, C. J. (1995): Analysis of Classification Results of Remotely Sensed Data and Evaluation of Classification

Algorithms. In: Photogrammetric Engineering & Remote Sensing 61, S. 427 - 433.

ZURK, L. M.; DAVIS, D.; NJOKU, E. G.; TSANG, L. & HWANG, J.-N. (1992): Inversion of Parameters for Semiarid Regions by a Neural Network. In: Proceedings of the International Geoscience and Remote Sensing Symposium 1992 (IGARSS'92), Houston. New York: IEEE, Inc., S. 1075 - 1077.

ANHANG A: LITERATURTABELLE

Ausgewählte Literatur zur Klassifikation von Fernerkundungsdaten mittels neuronaler Netze (sortiert nach Publikationsjahr und Autor)

Autor(en)	Jahr	Netz-typ(en)[1]	Datenquelle(n)[2]	Zweck der Klassifikation	Lokalisation des/der Fallbeispiel(e) (sofern genannt)
DECATUR	1989	BP	SAR	Landbedeckungs-klassifikation	San Francisco Bay / USA
HOWALD	1989	BP	Landsat TM	Landbedeckungs-klassifikation	Hagerman (Idaho) / USA
KEY, MASLANIK & SCHWEIGER	1989	BP	NOAA AVHRR Seasat SMMR	Landbedeckungs-klassifikation; Klassifikation von Wolken	Arktis
McCLELLAN u. a.	1989	BP	Landsat TM	Landbedeckungs-klassifikation	
BENEDIKTSSON, SWAIN & ERSOY	1990	BP	Landsat MSS; luftgestützter MSS; SAR	Landbedeckungs-klassifikation; Algorithmenvergleich	Gebirgsregion in Colorado / USA; Anderson River (Brit. Columbia) / Kanada
HEPNER u. a.	1990	BP	Landsat TM	Landbedeckungs-klassifikation	Ft. Lewis Military Reservation bei Tacoma (Washington) / USA
LEE u. a.	1990	BP	Landsat MSS	Klassifikation von Wolken	
RITTER & HEPNER	1990	BP	Landsat TM	Landbedeckungs-klassifikation	Ft. Lewis Military Reservation bei Tacoma (Washington) / USA
LIU & XIAO	1991	modifiziertes BP	Landsat TM	Landbedeckungs-klassifikation	Hiratsuka / Japan
BISCHOF, SCHNEIDER & PINZ	1992	BP	Landsat TM	Landbedeckungs-klassifikation	Wien / Österreich
DAWSON, FUNG & MANRY	1992	FL	simulierte Daten	Klassifikation von Meereis	
DOWNEY u. a.	1992	BP	Landsat TM	Landbedeckungs-klassifikation; Algorithmenvergleich	Kennet River / England

Ausgewählte Literatur zur Klassifikation von Fernerkundungsdaten mittels neuronaler Netze (sortiert nach Publikationsjahr und Autor; Fortsetzung)

Autor(en)	Jahr	Netz-typ(en)[1]	Datenquelle(n)[2]	Zweck der Klassifikation	Lokalisation des/der Fallbeispiel(e) (sofern genannt)
HEERMANN & KHAZENIE	1992	modifiziertes BP	simulierte Daten; Landsat TM	Landbedeckungsklassifikation	Tschernobyl / Ukraine
HONG u. a.	1992	BP	SPOT HRV	Landbedeckungsklassifikation	Sagamibecken / Japan
KÄHNY u. a.	1992	BP	JPL AirSAR	Landbedeckungsklassifikation	Oberpfaffenhofen / Deutschland
KANELLOPOULOS u. a.	1992	BP	SPOT HRV	Landbedeckungsklassifikation	Les Vans (Ardèche) / Frankreich
LI & SI	1992	modifiziertes BP; SOM	luftgestützter MSS	Landbedeckungsklassifikation	
TSANG u. a.	1992	BP	SSMI	Ermittlung von Schneezuständen	Antarktis
ZURK u. a.	1992	BP	simulierte Mikrowellen-Daten	Erfassung der Boden- und Vegetationsfeuchte in semi-ariden Gebieten	
AZIMI-SADJADI, GHALOUM & ZOUGHI	1993	BP	SAR	Landbedeckungsklassifikation	San Francisco Bay / USA
BARROS, NOWOSAD & ANDRADE AMORIM	1993	BP	Landsat TM	Landbedeckungsklassifikation	São José dos Campos (São Paulo) / Brasilien; Manaus / Brasilien
BENEDIKTSSON, SWAIN & ERSOY	1993	modifiziertes BP	Landsat MSS; luftgestützter MSS; SAR	Landbedeckungsklassifikation	Gebirgsregion in Colorado / USA; Anderson River (Brit. Columbia) / Kanada
CHEN u. a.	1993	DL	SPOT HRV	Landbedeckungsklassifikation	Taoyuan / Taiwan
DREYER	1993	BP	SPOT HRV	Landbedeckungsklassifikation	Aarhus / Dänemark

Ausgewählte Literatur zur Klassifikation von Fernerkundungsdaten mittels neuronaler Netze (sortiert nach Publikationsjahr und Autor; Fortsetzung)

Autor(en)	Jahr	Netz-typ(en)[1]	Datenquelle(n)[2]	Zweck der Klassifikation	Lokalisation des/der Fallbeispiel(e) (sofern genannt)
HUNG	1993	CL	Komposit-Bild	Testzwecke	
INOUE u. a.	1993	BP	Landsat TM; SPOT HRV	Landbedeckungs-klassifikation	Sagamibecken / Japan
KAMATA & KAWAGUCHI	1993	BP	Landsat TM	Landbedeckungs-klassifikation	Kitakyushu / Japan
KANELLOPOU-LOS, WILKIN-SON & MÉGIER	1993	BP	Landsat TM	Landbedeckungs-klassifikation	Lissabon / Portugal
KAWAMURA & TSUJIKO	1993	modifizier-tes BP	Landsat TM	Landbedeckungs-klassifikation	Nagoya / Japan
LI, LIU & SUN	1993	modifizier-tes BP	Landsat TM	Landbedeckungs-klassifikation	
OMATU & YOSHIDA	1993	BP; SOM	Landsat TM	Landbedeckungs-klassifikation	Tokushima / Japan
RAU & LURE	1993	BP	SSMI	Klassifikation von Meereis	Arktis
SERPICO u. a.	1993	SNN	luftgestützter MSS; SAR	multisensorale Land-bedeckungsklassifi-kation	Feltwell / England
SMITH	1993	BP	Landsat TM	Schätzung der Photo-syntheseleistung von Pflanzen	Mogi-Guaçu (São Paulo) / Brasilien
TRIPATHI & TRIPATHI	1993	BP	Landsat MSS	Landbedeckungs-klassifikation	Machilipatnam / Indien
WU & TAKAGI	1993	LEP	Landsat MSS	Klassifikation von Waldgebieten	Shaxian (Fujian) / China
CHEN u. a.	1994	BP	simulierte Mikro-wellen-Daten; Seasat SMMR	Erfassung der Boden- und Vegetations-feuchte in semi-ariden Gebieten	Sahara

Ausgewählte Literatur zur Klassifikation von Fernerkundungsdaten mittels neuronaler Netze (sortiert nach Publikationsjahr und Autor; Fortsetzung)

Autor(en)	Jahr	Netz-typ(en)[1]	Datenquelle(n)[2]	Zweck der Klassifikation	Lokalisation des/der Fallbeispiel(e) (sofern genannt)
DAWSON u. a.	1994	FL	SSMI	Landbedeckungs-klassifikation; Klassifikation von Meereis	Freiburg / Deutschland
HARA u. a.	1994	ART-2 (modifiz.); BP; LVQ; SOM	SAR	Landbedeckungs-klassifikation; Algorithmenvergleich	San Francisco Bay / USA
LURE & RAU	1994	BP	NOAA AVHRR	Erfassung von Schiffsbewegungen	östlicher Nordpazifik
PIERCE, SARABANDI & ULABY	1994	BP	JPL AirSAR	Differenzierung von Baumbeständen	
RAU, COMISO & LURE	1994	BP; Hopfield	NOAA AVHRR	Klassifikation von Meereis; Erfassung von Meer-eisbewegungen	Arktis
TZENG u. a.	1994	DL	simulierte SPOT-Daten	Landbedeckungs-klassifikation	
YOSHIDA & OMATU	1994	BP; SOM	Landsat TM	Landbedeckungs-klassifikation	Tokushima / Japan
ZHANG & HOSHI	1994	BP mit Fuzzy-Er-weiterung	Landsat TM	Landbedeckungs-klassifikation	Osaka / Japan
ZHANG & SCOFIELD	1994	neuronales Experten-system auf Basis eines BI-Algo-rithmus	NOAA AVHRR	Niederschlagsschät-zung auf der Basis von Wolkenbeobach-tungen	USA
ZHUANG u. a.	1994	BP	Landsat TM	Landbedeckungs-klassifikation; Netztraining-Analyse	Richland (Indiana) / USA

Ausgewählte Literatur zur Klassifikation von Fernerkundungsdaten mittels neuronaler Netze (sortiert nach Publikationsjahr und Autor; Fortsetzung)

Autor(en)	Jahr	Netz-typ(en)[1]	Datenquelle(n)[2]	Zweck der Klassifikation	Lokalisation des/der Fallbeispiel(e) (sofern genannt)
BARALDI & PARMIGGIANI	1995 (a)	SARTNN	Landsat TM	Landbedeckungs-klassifikation	Modena / Italien
BARALDI & PARMIGGIANI	1995 (b)	SARTNN 2	Landsat TM	Landbedeckungs-klassifikation	Modena / Italien
BLONDA u. a.	1995	Modular (BP, Fuzzy SOM)	Landsat TM	Landbedeckungs-klassifikation	
BRUZZONE, ROLI & SERPICO	1995	BP; PNN; SNN	luftgestützter MSS; SAR	Landbedeckungs-klassifikation; Algorithmenvergleich	Feltwell / England
CHEN u. a.	1995	DL	SPOT HRV	Landbedeckungs-klassifikation	Taoyuan / Taiwan
CLARK & CAÑAS	1995	BP	Reflektanzspektrum von Mineralien	Identifikation von Spektren	
FOODY	1995	Quickprop	SAR	Klassifikation von agraren Kulturpflan-zen	Feltwell / England
FOODY, McCULLOCH & YATES	1995	Quickprop	SAR	Klassifikation von agraren Kulturpflan-zen	Feltwell / England
HAGG, SEGL & STIES	1995	RBF	ERS-1	Klassifikation von urbanen Flächen	
KIM u. a.	1995	BP; SOM	SPOT	Landbedeckungs-klassifikation; Algorithmenvergleich	Daejon City / Südkorea
SANTOS, VENTURIERI & MACHADO	1995	BP	Landsat TM	Landnutzungs-klassifikation	Tucuruí-Kraftwerk (Pará) / Brasilien
SERGI u. a.	1995	BP; HLVQ; SOM	Landsat TM	Landbedeckungs-klassifikation; Algorithmenvergleich	Süditalien

Ausgewählte Literatur zur Klassifikation von Fernerkundungsdaten mittels neuronaler Netze (sortiert nach Publikationsjahr und Autor; Fortsetzung)

Autor(en)	Jahr	Netztyp(en)[1]	Datenquelle(n)[2]	Zweck der Klassifikation	Lokalisation des/der Fallbeispiel(e) (sofern genannt)
SOLAIMAN & MOUCHOT	1995	HLVQ LVQ 2; SOM	Landsat TM	Landbedeckungsklassifikation; Algorithmenvergleich	Saskatchewan / Kanada
STEPHANIDIS, CRACKNELL & HAYES	1995	SOM	NOAA AVHRR	Klassifikation von Wolken	
ZHUANG u. a.	1995	nicht spezifiziert	Landsat TM	Landbedeckungsklassifikation; Algorithmenvergleich	Richland (Indiana) / USA

[1] Bedeutung der Abkürzungen (für eine Darstellung von verschiedenen Netztypen vgl. ZELL 1994):

ART	=	Adaptive Resonance Theory
BI	=	Back Impedance (Eigenentwicklung)
BP	=	Backpropagation
CL	=	Competitive Learning
DL	=	Dynamic Learning (Eigenentwicklung)
FL	=	Fast Learning (Eigenentwicklung)
HLVQ	=	Hybrid Learning Vector Quantization (Eigenentwicklung)
LEP	=	Learning Based on Experiences and Perspectives (Eigenentwicklung)
LVQ	=	Learning Vector Quantization
PNN	=	Probabilistic Neural Network
RBF	=	Radial Basis Function
SARTNN	=	Simplified Adaptive Resonance Theory-Based Neural Network (Eigenentwicklung)
SOM	=	Self Organizing Maps
SNN	=	Structured Neural Network (Eigenentwicklung)

[2] Bedeutung der Abkürzungen (für einen Überblick über die jeweiligen Systemdaten vgl. STRATHMANN 1993, S. 53 ff.):

ERS	=	European Remote Sensing Satellite
JPL	=	Jet Propulsion Laboratory
MSS	=	Landsat Multispectral Scanner
NOAA AVHRR	=	National Oceanic and Atmospheric Administration Advanced Very High Resolution Radiometer
SAR	=	Synthetic Aperture Radar
Seasat SMMR	=	Seasat Scanning Multichannel Microwave Radiometer
SSMI	=	Special Sensor Microwave Imager
SPOT HRV	=	Système Probatoire d'Observation de la Terre High Resolution Visible
TM	=	Thematic Mapper

ANHANG B: BEWEISE

Satz: Gegeben sei ein beliebiges nicht-leeres Bild mit homogenen Pixeln und k Graustufen, $k \geq 1$, sowie eine zugehörige k x k-(d, α)-Co-Occurrence-Matrix, wobei d der Abstand in Pixeln ist mit $d \in \{1, 2, 3, ...\}$ und α der Betrachtungswinkel mit $0° \leq \alpha < 180°$. Es sei m die Bildauflösung mit $m \in \{1, 2, 3, ...\}$, wobei für die Auflösung des Ursprungsbildes gelte $m = 1$. Ferner bezeichne $c(m, d, \alpha, i, j)$ die absolute Häufigkeit, $p(m, d, \alpha, i, j)$ die relative Häufigkeit der Grauwertübergänge eines Pixels mit dem Wert i, $1 \leq i \leq k$, zu einem Pixel mit dem Wert j, $1 \leq j \leq k$. Dabei seien d und α so gewählt, daß gilt: $\exists_{i,j}\left(c(m,d,\alpha,i,j) \neq 0\right)$. Außerdem sei $\Delta(i) \in \{1, 2, 3, ...\}$ ein Korrekturwert.

Dann nähern sich mit zunehmender Auflösung, d. h. mit wachsendem m, die relativen Häufigkeiten der Diagonalelemente $p(m, d, \alpha, i, i)$ jeweils dem Wert

$$\frac{c(1,1,\alpha,i,i) - \Delta(i)}{\sum_{i=1}^{k} c(1,1,\alpha,i,i) - \sum_{i=1}^{k} \Delta(i)},$$

die relativen Häufigkeiten der übrigen Matrixelemente $p(m, d, \alpha, i, j)$ dem Wert 0 an. Es gilt also

$$\lim_{m \to \infty} p(m,d,\alpha,i,i) = \frac{c(1,1,\alpha,i,i) - \Delta(i)}{\sum_{i=1}^{k} c(1,1,\alpha,i,i) - \sum_{i=1}^{k} \Delta(i)}$$

und

$$\lim_{m \to \infty} p(m,d,\alpha,i,j) = 0 \text{ für } i \neq j.$$

Für den Beweis des Satzes reicht es aus, die Gültigkeit der Aussagen für $\alpha = 0°$ zu zeigen, da sich durch geeignete Transformation des Ursprungsbildes immer ein Fall $\alpha = 0°$ erzeugen läßt. So kann man zunächst - analog dem folgenden Beispiel - für $\alpha \notin \{0°, 90°\}$ die Zeilen oder Spalten des Bildes derart gegeneinander verschieben, daß eine Situation $\alpha \in \{0°, 90°\}$ entsteht:

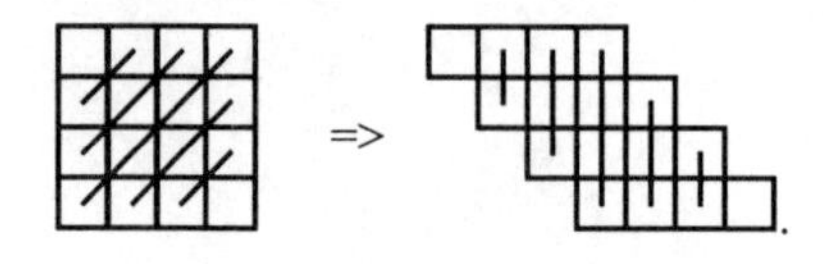

Der Übergang von 90° auf 0° erfolgt dann einfach durch Rotation des Bildes. Im folgenden wird daher stets von $\alpha = 0°$ ausgegangen und deshalb zur Vereinfachung auf die Angabe des Winkels verzichtet, d. h.

$$c(m, d, i, j) := c(m, d, 0°, i, j)$$

bzw.

$$p(m, d, i, j) := p(m, d, 0°, i, j).$$

Außerdem sei mit der Bezeichnung „Ausgangsbild" stets das evtl. vorher transformierte Ursprungsbild gemeint.

Vor dem Beweis von Satz 1 wird folgende Aussage bewiesen:

Lemma: Seien die Voraussetzungen wie für Satz 1 gegeben. Zusätzlich bezeichne $\#c(1, 1, i, i)$ die Anzahl der zur Entstehung der absoluten Häufigkeit $c(1, 1, i, i)$ beitragenden Pixel, womit

$$D(i) := c(1,1,i,i) - \#c(1,1,i,i)$$

die Anzahl derjenigen Pixel im Ausgangsbild angibt, die zwei unmittelbare Nachbarn $P(x_1, y_1)$ und $P(x_2, y_2)$ mit jeweils gleichem Wert i haben. Dagegen sei $I(i)$ die Anzahl der Pixel mit Grauwert i im Ausgangsbild, welche im Abstand $d = 1$ keinen Nachbarn $P(x, y)$ mit gleichem Wert i haben.

Setzt man

$$\Delta(i) := 2\left(D(i) - I(i)\right),$$

dann gilt für $m \geq d$

a) $c(m,d,i,i) = \left(2m^2 - dm\right)c(1,1,i,i) - \Delta(i)\left(m^2 - dm\right)$

b) $c(m,d,i,j) = dm\,c(1,1,i,j)$ für $i \neq j$.

Beweis:

Er erfolgt durch vollständige Induktion nach m.

zu a) 1. Induktionsanfang: $m = d$

Zur graphischen Veranschaulichung betrachte man zunächst mit der Auflösung d zwei Pixel $P(x_1, y_1)$ und $P(x_2, y_2)$ des Ausgangsbildes mit jeweiligem Grauwert i, welche durch den Abstand d voneinander getrennt sind:

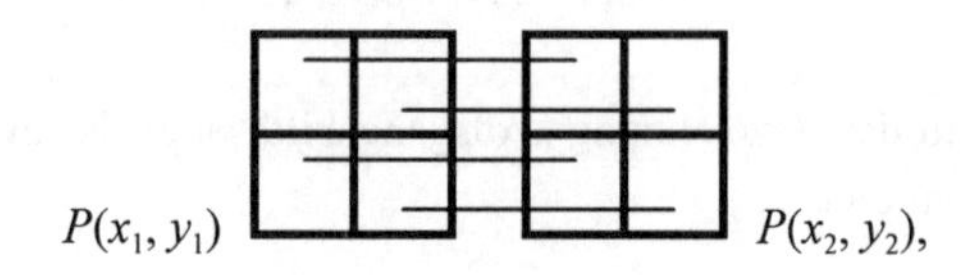

Es existieren vier Verbindungen (dargestellt durch „—"), d. h. vier Grauwertübergänge von $P(x_1, y_1)$ nach $P(x_2, y_2)$.

Allgemein:

Da $m = d$ ist, existiert weder ein Grauwertübergang innerhalb eines Pixels noch ein Übergang von einem Pixel zu einem nicht unmittelbar benachbarten Pixel. Und weil ein Pixel des Ausgangsbildes bei Erhöhung der Bildauflösung auf m in m^2 Teilpixel zerfällt, gilt somit:

$$\begin{aligned} c(m,d,i,i) &= c(d,d,i,i) \\ &= d^2\, c(1,1,i,i) \\ &= \left(2d^2 - d^2\right)c(1,1,i,i) - \Delta(i)\left(d^2 - d^2\right) \\ &= \left(2m^2 - dm\right)c(1,1,i,i) - \Delta(i)\left(m^2 - dm\right). \end{aligned}$$

2. Induktionsschritt: Schluß von m auf $m + 1$

Annahme: Es gilt

$$c(m,d,i,i) = \left(2m^2 - dm\right)c(1,1,i,i) - \Delta(i)\left(m^2 - dm\right).$$

Zur Verdeutlichung der Ableitung betrachte man die in der folgenden Abbildung - zur Vereinfachung ist $d = 1$ gewählt -

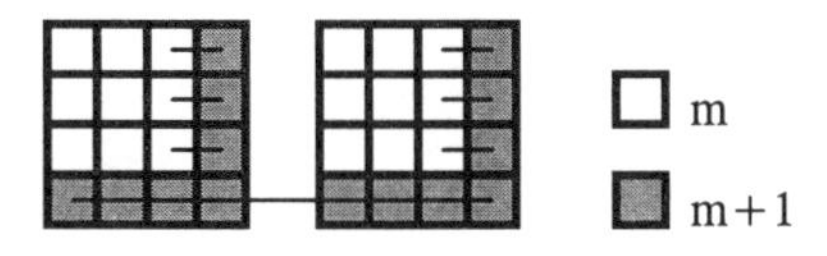

neu hinzugekommenen Verbindungen[1]:

$$
\begin{aligned}
c(m+1,d,i,i) &= c(m,d,i,i) + \left[4m+1-(d-1)\right]c(1,1,i,i) - \Delta(i)\left[2m-(d-1)\right] \\
&= \left(2m^2 - dm\right)c(1,1,i,i) - \Delta(i)\left(m^2 - dm\right) + (4m+2-d)\,c(1,1,i,i) \\
&\quad - \Delta(i)(2m-d+1) \\
&= \left(2m^2 + 4m + 2 - dm - d\right)c(1,1,i,i) - \Delta(i)\left(m^2 + 2m + 1 - dm - d\right) \\
&= \left[2(m+1)^2 - d(m+1)\right]c(1,1,i,i) - \Delta(i)\left[(m+1)^2 - d(m+1)\right].
\end{aligned}
$$

zu b) 1. Induktionsanfang: $m = d$

Zur graphischen Veranschaulichung betrachte man zunächst mit der Auflösung d zwei Pixel $P(x_1, y_1)$ und $P(x_2, y_2)$ des Ausgangsbildes, eines mit Grauwert i, das andere mit Grauwert j ($i \neq j$), welche durch den Abstand d voneinander getrennt sind:

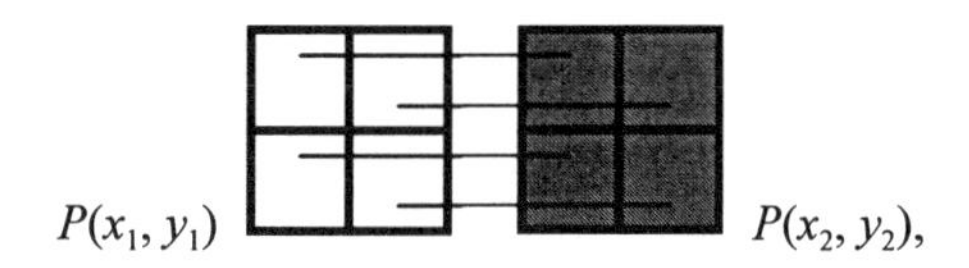

Analog zum Induktionsanfang in a) existieren vier Verbindungen (dargestellt durch „—“), d. h. vier Grauwertübergänge von $P(x_1, y_1)$ nach $P(x_2, y_2)$.

Allgemein:

Da $m = d$ ist, folgt analog der Begründung zum Induktionsanfang in a):

[1] Zwecks besserer Übersichtlichkeit wurden die bei einer Erhöhung der Auflösung von m auf $m + 1$ hinzukommende Reihe und Spalte rechts bzw. unten angefügt.

$$c(m,d,i,i) = c(d,d,i,j)$$
$$= d^2\, c(1,1,i,i)\,.$$
$$= dm\, c(1,1,i,i)$$

2. Induktionsschritt: Schluß von m auf $m + 1$
   Annahme: Es gilt

$$c(m,d,i,i) = dm\, c(1,1,i,i)\,.$$

Zur Verdeutlichung der Ableitung betrachte man die in der folgenden Abbildung - zur Vereinfachung ist $d = 1$ gewählt -

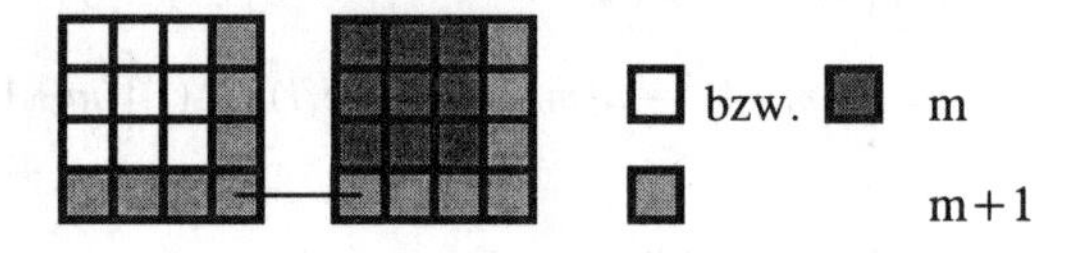

neu hinzugekommene Verbindung[2]:

Es ist

$$c(m+1,d,i,j) = c(m,d,i,j) + d\, c(1,1,i,j)$$
$$= dm\, c(1,1,i,j) + d\, c(1,1,i,j)$$
$$= d\,(m+1)\, c(1,1,i,j).$$

■

Mit Hilfe des Lemmas läßt sich nun der Satz beweisen:

Beweis des Satzes:

Die relative Häufigkeit $p(m, d, i, j)$ errechnet sich aus der absoluten Häufigkeit $c(m, d, i, j)$, indem man den Wert $c(m, d, i, j)$ durch die Summe der Werte der Co-Occurrence-Matrix dividiert.

[2] Zwecks besserer Übersichtlichkeit wurden die bei einer Erhöhung der Auflösung von m auf $m + 1$ hinzukommende Reihe und Spalte wieder rechts bzw. unten angefügt.

Somit ergibt sich

$$p(m,d,i,i) = \frac{c(m,d,i,i)}{\sum_{i=1}^{k} c(m,d,i,i) + 2\sum_{i=1}^{k}\sum_{j=1}^{i-1} c(m,d,i,j)}$$

$$= \frac{\left(2m^2 - dm\right) c(1,1,i,i) - \Delta(i)\left(m^2 - dm\right)}{\sum_{i=1}^{k}\left[\left(2m^2 - dm\right) c(1,1,i,i) - \Delta(i)\left(m^2 - dm\right)\right] + 2\sum_{i=1}^{k}\sum_{j=1}^{i-1} dm\, c(1,1,i,j)}$$

$$= \frac{\left(2 - \frac{d}{m}\right) c(1,1,i,i) - \Delta(i)\left(1 - \frac{d}{m}\right)}{\left(2 - \frac{d}{m}\right)\sum_{i=1}^{k} c(1,1,i,i) - \left(1 - \frac{d}{m}\right)\sum_{i=1}^{k}\Delta(i) + \frac{2d}{m}\sum_{i=1}^{k}\sum_{j=1}^{i-1} c(1,1,i,j)}$$

und daraus

$$\lim_{m\to\infty} p(m,d,i,i) = \frac{c(1,1,i,i) - \Delta(i)}{\sum_{i=1}^{k} c(1,1,i,i) - \sum_{i=1}^{k}\Delta(i)}.$$

Für $i \neq j$ ist

$$p(m,d,i,j) = \frac{c(m,d,i,j)}{\sum_{i=1}^{k} c(m,d,i,i) + 2\sum_{i=1}^{k}\sum_{j=1}^{i-1} c(m,d,i,j)}$$

$$= \frac{dm\, c(1,1,i,j)}{\sum_{i=1}^{k}\left[\left(2m^2 - dm\right) c(1,1,i,i) - \Delta(i)\left(m^2 - dm\right)\right] + 2\sum_{i=1}^{k}\sum_{j=1}^{i-1} dm\, c(1,1,i,j)}$$

$$= \frac{d\, c(1,1,i,j)}{m\left[\left(2 - \frac{d}{m}\right)\sum_{i=1}^{k} c(1,1,i,i) - \left(1 - \frac{d}{m}\right)\sum_{i=1}^{k}\Delta(i) + \frac{2d}{m}\sum_{i=1}^{k}\sum_{j=1}^{i-1} c(1,1,i,j)\right]}$$

und damit

$$\lim_{m \to \infty} p(m, d, i, j) = 0 .$$

■

Band IX

*Heft 1 S c o f i e l d, Edna: Landschaften am Kurischen Haff. 1938.

*Heft 2 F r o m m e, Karl: Die nordgermanische Kolonisation im atlantisch-polaren Raum. Studien zur Frage der nördlichen Siedlungsgrenze in Norwegen und Island. 1938.

*Heft 3 S c h i l l i n g, Elisabeth: Die schwimmenden Gärten von Xochimilco. Ein einzigartiges Beispiel altindianischer Landgewinnung in Mexiko. 1939.

*Heft 4 W e n z e l, Hermann: Landschaftsentwicklung im Spiegel der Flurnamen. Arbeitsergebnisse aus der mittelschleswiger Geest. 1939.

*Heft 5 R i e g e r, Georg: Auswirkungen der Gründerzeit im Landschaftsbild der norderdithmarscher Geest. 1939.

Band X

*Heft 1 W o l f, Albert: Kolonisation der Finnen an der Nordgrenze ihres Lebensraumes. 1939.

*Heft 2 G o o ß, Irmgard: Die Moorkolonien im Eidergebiet. Kulturelle Angleichung eines Ödlandes an die umgebende Geest. 1940.

*Heft 3 M a u, Lotte: Stockholm. Planung und Gestaltung der schwedischen Hauptstadt. 1940.

*Heft 4 R i e s e, Gertrud: Märkte und Stadtentwicklung am nordfriesischen Geestrand. 1940.

Band XI

*Heft 1 W i l h e l m y, Herbert: Die deutschen Siedlungen in Mittelparaguay. 1941.

*Heft 2 K o e p p e n, Dorothea: Der Agro Pontino-Romano. Eine moderne Kulturlandschaft. 1941.

*Heft 3 P r ü g e l, Heinrich: Die Sturmflutschäden an der schleswig-holsteinischen Westküste in ihrer meteorologischen und morphologischen Abhängigkeit. 1942.

*Heft 4 I s e r n h a g e n, Catharina: Totternhoe. Das Flurbild eines angelsächsischen Dorfes in der Grafschaft Bedfordshire in Mittelengland. 1942.

*Heft 5 B u s e, Karla: Stadt und Gemarkung Debrezin. Siedlungsraum von Bürgern, Bauern und Hirten im ungarischen Tiefland. 1942.

Band XII

*B a r t z, Fritz: Fischgründe und Fischereiwirtschaft an der Westküste Nordamerikas. Werdegang, Lebens- und Siedlungsformen eines jungen Wirtschaftsraumes. 1942.

Band XIII

*Heft 1 T o a s p e r n, Paul Adolf: Die Einwirkungen des Nord-Ostsee-Kanals auf die Siedlungen und Gemarkungen seines Zerschneidungsbereiches. 1950.

*Heft 2 V o i g t, Hans: Die Veränderung der Großstadt Kiel durch den Luftkrieg. Eine siedlungs- und wirtschaftsgeographische Untersuchung. 1950. (Gleichzeitig erschienen in der Schriftenreihe der Stadt Kiel, herausgegeben von der Stadtverwaltung).

*Heft 3 M a r q u a r d t, Günther: Die Schleswig-Holsteinische Knicklandschaft. 1950.

*Heft 4 S c h o t t, Carl: Die Westküste Schleswig-Holsteins. Probleme der Küstensenkung. 1950.

Band XIV

*Heft 1 K a n n e n b e r g, Ernst-Günter: Die Steilufer der Schleswig-Holsteinischen Ostseeküste. Probleme der marinen und klimatischen Abtragung. 1951.

*Heft 2 L e i s t e r, Ingeborg: Rittersitz und adliges Gut in Holstein und Schleswig. 1952. (Gleichzeitig erschienen als Band 64 der Forschungen zur deutschen Landeskunde).

Heft 3 R e h d e r s, Lenchen: Probsteierhagen, Fiefbergen und Gut Salzau: 1945 - 1950. Wandlungen dreier ländlicher Siedlungen in Schleswig-Holstein durch den Flüchtlingszustrom. 1953. X, 96 S., 29 Fig. im Text, 4 Abb. 5,—DM

*Heft 4 B r ü g g e m a n n, Günther: Die holsteinische Baumschulenlandschaft. 1953.

Sonderband

*S c h o t t, Carl (Hrsg.): Beiträge zur Landeskunde von Schleswig-Holstein. Oskar Schmieder zum 60. Geburtstag. 1953. (Erschienen im Verlag Ferdinand Hirt, Kiel).

Band XV

*Heft 1 L a u e r, Wilhelm: Formen des Feldbaus im semiariden Spanien. Dargestellt am Beispiel der Mancha. 1954.

*Heft 2 S c h o t t, Carl: Die kanadischen Marschen. 1955.

*Heft 3 J o h a n n e s, Egon: Entwicklung, Funktionswandel und Bedeutung städtischer Kleingärten. Dargestellt am Beispiel der Städte Kiel, Hamburg und Bremen. 1955.

*Heft 4 R u s t, Gerhard: Die Teichwirtschaft Schleswig-Holsteins. 1956.

Band XVI

*Heft 1 L a u e r, Wilhelm: Vegetation, Landnutzung und Agrarpotential in El Salvador (Zentralamerika). 1956.

*Heft 2 S i d d i q i, Mohamed Ismail: The Fishermen's Settlements of the Coast of West Pakistan. 1956.

*Heft 3 B l u m e, Helmut: Die Entwicklung der Kulturlandschaft des Mississippideltas in kolonialer Zeit. 1956.

Band XVII

*Heft 1 W i n t e r b e r g, Arnold: Das Bourtanger Moor. Die Entwicklung des gegenwärtigen Landschaftsbildes und die Ursachen seiner Verschiedenheit beiderseits der deutsch-holländischen Grenze. 1957.

*Heft 2 N e r n h e i m, Klaus: Der Eckernförder Wirtschaftsraum. Wirtschaftsgeographische Strukturwandlungen einer Kleinstadt und ihres Umlandes unter besonderer Berücksichtigung der Gegenwart. 1958.

*Heft 3 H a n n e s e n, Hans: Die Agrarlandschaft der schleswig-holsteinischen Geest und ihre neuzeitliche Entwicklung. 1959.

Band XVIII

Heft 1 H i l b i g, Günter: Die Entwicklung der Wirtschafts- und Sozialstruktur der Insel Oléron und ihr Einfluß auf das Landschaftsbild. 1959. 178 S., 32 Fig. im Text und 15 S. Bildanhang. 9,20 DM

Heft 2 S t e w i g, Reinhard: Dublin. Funktionen und Entwicklung. 1959. 254 S. und 40 Abb. 10,50 DM

Heft 3 D w a r s, Friedrich W.: Beiträge zur Glazial- und Postglazialgeschichte Südostrügens. 1960. 106 S., 12 Fig. im Text und 6 S. Bildanhang. 4,80 DM

Band XIX

Heft 1 H a n e f e l d, Horst: Die glaziale Umgestaltung der Schichtstufenlandschaft am Nordstrand der Alleghenies. 1960. 183 S., 31 Abb. und 6 Tab. 8,30 DM

*Heft 2 A l a l u f, David: Problemas de la propiedad agricola en Chile. 1961.

*Heft 3 S a n d n e r, Gerhard: Agrarkolonisation in Costa Rica. Siedlung, Wirtschaft und Sozialgefüge an der Pioniergrenze. 1961. (Erschienen bei Schmidt & Klaunig, Kiel, Buchdruckerei und Verlag).

Band XX

*L a u e r, Wilhelm (Hrsg.): Beiträge zur Geographie der Neuen Welt. Oskar Schmieder zum 70. Geburtstag. 1961.

Band XXI

*Heft 1 S t e i n i g e r, Alfred: Die Stadt Rendsburg und ihr Einzugbereich. 1962.

Heft 2 B r i l l, Dieter: Baton Rouge, La. Aufstieg, Funktionen und Gestalt einer jungen Großstadt des neuen Industriegebiets am unteren Mississippi. 1963. 288 S., 39 Karten, 40 Abb. im Anhang. 12.00 DM

*Heft 3 D i e k m a n n, Sibylle: Die Ferienhaussiedlungen Schleswig-Holsteins. Eine siedlungs- und sozialgegraphische Studie. 1964.

Band XXII

*Heft 1 E r i k s e n, Wolfgang: Beiträge zum Stadtklima von Kiel. Witterungsklimatische Untersuchungen im Raum Kiel und Hinweise auf eine mögliche Anwendung in der Stadtplanung. 1964.

*Heft 2 S t e w i g, Reinhard: Byzanz - Konstantinopel - Istanbul. Ein Beitrag zum Weltstadtproblem. 1964.

*Heft 3 B o n s e n, Uwe: Die Entwicklung des Siedlungsbildes und der Agrarstruktur der Landschaft Schwansen vom Mittelalter bis zur Gegenwart. 1966.

Band XXIII

*S a n d n e r, Gerhard (Hrsg.): Kulturraumprobleme aus Ostmitteleuropa und Asien. Herbert Schlenger zum 60. Geburtstag. 1964.

Band XXIII

Heft 1 W e n k, Hans-Günther: Die Geschichte der Geographischen Landesforschung an der Universität Kiel von 1665 bis 1879. 1966. 252 S., mit 7 ganzstg. Abb. 14,00 DM

Heft 2 B r o n g e r, Arnt: Lösse, ihre Verbraunungszonen und fossilen Böden, ein Beitrag zur Stratigraphie des oberen Pleistozäns in Südbaden. 1966. 98 S., 4 Abb. und 37 Tab. im Text, 8 S. Bildanhang und 3 Faltkarten. 9,00 DM

*Heft 3 K l u g, Heinz: Morphologische Studien auf den Kanarischen Inseln. Beiträge zur Küstenentwicklung und Talbildung auf einem vulkanischen Archipel. 1968. (Erschienen bei Schmidt & Klaunig, Kiel, Buchdruckerei und Verlag).

Band XXV

*W e i g a n d, Karl: I. Stadt-Umlandverflechtungen und Einzugbereiche der Grenzstadt Flensburg und anderer zentraler Orte im nördlichen Landesteil Schleswig. II. Flensburg als zentraler Ort im grenzüberschreitenden Reiseverkehr. 1966.

Band XXVI

*Heft 1 B e s c h, Hans-Werner: Geographische Aspekte bei der Einführung von Dörfergemeinschaftsschulen in Schleswig-Holstein. 1966.

*Heft 2 K a u f m a n n, Gerhard: Probleme des Strukturwandels in ländlichen Siedlungen Schleswig-Holsteins, dargestellt an ausgewählten Beispielen aus Ostholstein und dem Programm-Nord-Gebiet. 1967.

Heft 3 O l b r ü c k, Günter: Untersuchung der Schauertätigkeit im Raume Schleswig-Holstein in Abhängigkeit von der Orographie mit Hilfe des Radargeräts. 1967. 172 S., 5 Aufn., 65 Karten, 18 Fig. und 10 Tab. im Text, 10 Tab. im Anhang. 12,00 DM

Band XXVII

Heft 1 B u c h h o f e r, Ekkehard: Die Bevölkerungsentwicklung in den polnisch verwalteten deutschen Ostgebieten von 1956-1965. 1967. 282 S., 22 Abb., 63 Tab. im Text, 3 Tab., 12 Karten und 1 Klappkarte im Anhang. 16.00 DM

Heft 2 R e t z l a f f, Christine: Kulturgeographische Wandlungen in der Maremma. Unter besonderer Berücksichtigung der italienischen Bodenreform nach dem Zweiten Weltkrieg. 1967. 204 S., 35 Fig. und 25 Tab. 15.00 DM

Heft 3 B a c h m a n n, Henning: Der Fährverkehr in Nordeuropa - eine verkehrsgeographische Untersuchung. 1968. 276 S., 129 Abb. im Text, 67 Abb. im Anhang. 25.00 DM

Band XXVIII

*Heft 1 W o l c k e, Irmtraud-Dietlinde: Die Entwicklung der Bochumer Innenstadt. 1968.

*Heft 2 W e n k, Ursula: Die zentralen Orte an der Westküste Schleswig-Holsteins unter besonderer Berücksichtigung der zentralen Orte niederen Grades. Neues Material über ein wichtiges Teilgebiet des Programm Nord. 1968.

*Heft 3 W i e b e, Dietrich: Industrieansiedlungen in ländlichen Gebieten, dargestellt am Beispiel der Gemeinden Wahlstedt und Trappenkamp im Kreis Segeberg. 1968.

Band XXIX

Heft 1 V o r n d r a n, Gerhard: Untersuchungen zur Aktivität der Gletscher, dargestellt an Beispielen aus der Silvrettagruppe. 1968. 134 S., 29 Abb. im Text, 16 Tab. und 4 Bilder im Anhang. 12.00 DM

Heft 2 H o r m a n n, Klaus: Rechenprogramme zur morphometrischen Kartenauswertung. 1968. 154 S., 11 Fig. im Text und 22 Tab. im Anhang. 12.00 DM

Heft 3 V o r n d r a n, Edda: Untersuchungen über Schuttentstehung und Ablagerungsformen in der Hochregion der Silvretta (Ostalpen). 1969. 137 S., 15 Abb. und 32 Tab. im Text, 3 Tab. und 3 Klappkarten im Anhang. 12.00 DM

Band 30

*S c h l e n g e r, Herbert, Karlheinz P f a f f e n, Reinhard S t e w i g (Hrsg.): Schleswig-Holstein, ein geographisch-landeskundlicher Exkursionsführer. 1969. Festschrift zum 33. Deutschen Geographentag Kiel 1969. (Erschienen im Verlag Ferdinand Hirt, Kiel; 2. Auflage, Kiel 1970).

Band 31

M o m s e n, Ingwer Ernst: Die Bevölkerung der Stadt Husum von 1769 bis 1860. Versuch einer historischen Sozialgeographie. 1969. 420 S., 33 Abb. und 78 Tab. im Text, 15 Tab. im Anhang 24,00 DM

Band 32

S t e w i g, Reinhard: Bursa, Nordwestanatolien. Strukturwandel einer orientalischen Stadt unter dem Einfluß der Industrialisierung. 1970. 177 S., 3 Tab., 39 Karten, 23 Diagramme und 30 Bilder im Anhang. 18.00 DM

Band 33

T r e t e r, Uwe: Untersuchungen zum Jahresgang der Bodenfeuchte in Abhängigkeit von Niederschlägen, topographischer Situation und Bodenbedeckung an ausgewählten Punkten in den Hüttener Bergen/Schleswig-Holstein. 1970. 144 S., 22 Abb., 3 Karten und 26 Tab. 15.00 DM

Band 34

*K i l l i s c h, Winfried F.: Die oldenburgisch-ostfriesischen Geestrandstädte. Entwicklung, Struktur, zentralörtliche Bereichsgliederung und innere Differenzierung. 1970.

Band 35

R i e d e l, Uwe: Der Fremdenverkehr auf den Kanarischen Inseln. Eine geographische Untersuchung. 1971. 314 S., 64 Tab., 58 Abb. im Text und 8 Bilder im Anhang. 24,00 DM

Band 36

H o r m a n n, Klaus: Morphometrie der Erdoberfläche. 1971. 189 S., 42 Fig., 14 Tab. im Text. 20,00 DM

Band 37

S t e w i g, Reinhard (Hrsg.): Beiträge zur geographischen Landeskunde und Regionalforschung in Schleswig-Holstein. 1971. Oskar Schmieder zum 80. Geburtstag. 338 S., 64 Abb., 48 Tab. und Tafeln. 28,00 DM

Band 38

S t e w i g, Reinhard und Horst-Günter W a g n e r (Hrsg.): Kulturgeographische Untersuchungen im islamischen Orient. 1973. 240 S., 45 Abb., 21 Tab. und 33 Photos. 29,50 DM

Band 39

K l u g, Heinz (Hrsg.): Beiträge zur Geographie der mittelatlantischen Inseln. 1973. 208 S., 26 Abb., 27 Tab. und 11 Karten. 32,00 DM

Band 40

S c h m i e d e r, Oskar: Lebenserinnerungen und Tagebuchblätter eines Geographen. 1972. 181 S., 24 Bilder, 3 Faksimiles und 3 Karten. 42,00 DM

Band 41

K i l l i s c h, Winfried F. und Harald T h o m s: Zum Gegenstand einer interdisziplinären Sozialraumbeziehungsforschung. 1973. 56 S., 1 Abb. 7,50 DM

Band 42

N e w i g, Jürgen: Die Entwicklung von Fremdenverkehr und Freizeitwohnwesen in ihren Auswirkungen auf Bad und Stadt Westerland auf Sylt. 1974. 222 S., 30 Tab., 14 Diagramme, 20 kartographische Darstellungen und 13 Photos. 31.00 DM

Band 43

*K i l l i s c h, Winfried F.: Stadtsanierung Kiel-Gaarden. Vorbereitende Untersuchung zur Durchführung von Erneuerungsmaßnahmen. 1975.

Kieler Geographische Schriften

Band 44, 1976 ff.

Band 44

K o r t u m, Gerhard: Die Marvdasht-Ebene in Fars. Grundlagen und Entwicklung einer alten iranischen Bewässerungslandschaft. 1976. XI, 297 S., 33 Tab., 20 Abb. 38,50 DM

Band 45

B r o n g e r, Arnt: Zur quartären Klima- und Landschaftsentwicklung des Karpatenbeckens auf (paläo-) pedologischer und bodengeographischer Grundlage. 1976. XIV, 268 S., 10 Tab., 13 Abb. und 24 Bilder. 45.00 DM

Band 46

B u c h h o f e r, Ekkehard: Strukturwandel des Oberschlesischen Industriereviers unter den Bedingungen einer sozialistischen Wirtschaftsordnung. 1976. X, 236 S., 21 Tab. und 6 Abb., 4 Tab. und 2 Karten im Anhang. 32,50 DM

Band 47

W e i g a n d, Karl: Chicano-Wanderarbeiter in Südtexas. Die gegenwärtige Situation der Spanisch sprechenden Bevölkerung dieses Raumes. 1977. IX, 100 S., 24 Tab. und 9 Abb., 4 Abb. im Anhang. 15.70 DM

Band 48

W i e b e, Dietrich: Stadtstruktur und kulturgeographischer Wandel in Kandahar und Südafghanistan. 1978. XIV, 326 S., 33 Tab., 25 Abb. und 16 Photos im Anhang. 36.50 DM

Band 49

K i l l i s c h, Winfried F.: Räumliche Mobilität - Grundlegung einer allgemeinen Theorie der räumlichen Mobilität und Analyse des Mobilitätsverhaltens der Bevölkerung in den Kieler Sanierungsgebieten. 1979. XII, 208 S., 30 Tab. und 39 Abb., 30 Tab. im Anhang. 24,60 DM

Band 50

P a f f e n, Karlheinz und Reinhard S t e w i g (Hrsg.): Die Geographie an der Christian-Albrechts-Universität 1879-1979. Festschrift aus Anlaß der Einrichtung des ersten Lehrstuhles für Geographie am 12. Juli 1879 an der Universität Kiel. 1979. VI, 510 S., 19 Tab. und 58 Abb. 38.00 DM

Band 51

S t e w i g, Reinhard, Erol T ü m e r t e k i n, Bedriye T o l u n, Ruhi T u r f a n, Dietrich W i e b e und Mitarbeiter: Bursa, Nordwestanatolien. Auswirkungen der Industrialisierung auf die Bevölkerungs- und Sozialstruktur einer Industriegroßstadt im Orient. Teil 1. 1980. XXVI, 335 S., 253 Tab. und 19 Abb. 32,00 DM

Band 52

B ä h r, Jürgen und Reinhard S t e w i g (Hrsg.): Beiträge zur Theorie und Methode der Länderkunde. Oskar Schmieder (27. Januar 1891 - 12. Februar 1980) zum Gedenken. 1981. VIII, 64 S., 4 Tab.und 3 Abb. 11,00 DM

Band 53

M ü l l e r, Heidulf E.: Vergleichende Untersuchungen zur hydrochemischen Dynamik von Seen im Schleswig-Holsteinischen Jungmoränengebiet. 1981. XI, 208 S., 16 Tab., 61 Abb. und 14 Karten im Anhang. 25,00 DM

Band 54

A c h e n b a c h, Hermann: Nationale und regionale Entwicklungsmerkmale des Bevölkerungsprozesses in Italien. 1981. IX, 114 S., 36 Fig. 16,00 DM

Band 55

D e g e, Eckart: Entwicklungsdisparitäten der Agrarregionen Südkoreas. 1982. XXVII, 332 S., 50 Tab., 44 Abb. und 8 Photos im Textband sowie 19 Kartenbeilagen in separater Mappe. 49.00 DM

Band 56

B o b r o w s k i, Ulrike: Pflanzengeographische Untersuchungen der Vegetation des Bornhöveder Seengebiets auf quantitativ-soziologischer Basis. 1982. XIV, 175 S., 65 Tab. und 19 Abb. 23,00 DM

Band 57

S t e w i g, Reinhard (Hrsg.): Untersuchungen über die Großstadt in Schleswig-Holstein. 1983. X, 194 S., 46 Tab., 38 Diagr. und 10 Abb. 24,00 DM

Band 58

B ä h r, Jürgen (Hrsg.): Kiel 1879 - 1979. Entwicklung von Stadt und Umland im Bild der Topographischen Karte. 1:25 000. Zum 32. Deutschen Kartographentag vom 11. - 14. Mai 1983. III, 192 S., 21 Tab., 38 Abb. mit 2 Kartenblättern in der Anlage. ISBN 3-923887-00-0 28.00 DM

Band 59

G a n s, Paul: Raumzeitliche Eigenschaften und Verflechtungen innerstädtischer Wanderungen in Ludwigshafen/Rhein zwischen 1971 und 1978. Eine empirische Analyse mit Hilfe des Entropiekonzeptes und der Informationsstatistik. 1983. XII, 226 S., 45 Tab., 41 Abb. ISBN 3-923887-01-9. 30,00 DM

Band 60

P a f f e n †, Karlheinz und K o r t u m, Gerhard: Die Geographie des Meeres. Disziplingeschichtliche Entwicklung seit 1650 und heutiger methodischer Stand. 1984. XIV, 293 S., 25 Abb. ISBN 3-923887-02-7. 36.00 DM

Band 61

*B a r t e l s †, Dietrich u. a.: Lebensraum Norddeutschland. 1984. IX, 139 S., 23 Tabellen und 21 Karten. ISBN 3-923887-03-5. 22.00 DM

Band 62

K l u g, Heinz (Hrsg.): Küste und Meeresboden. Neue Ergebnisse geomorphologischer Feldforschungen. 1985. V, 214 S., 66 Abb., 45 Fotos, 10 Tabellen. ISBN 3-923887-04-3 39.00 DM

Band 63

K o r t u m, Gerhard: Zückerrübenanbau und Entwicklung ländlicher Wirtschaftsräume in der Türkei. Ausbreitung und Auswirkung einer Industriepflanze unter besonderer Berücksichtigung des Bezirks Beypazari (Provinz Ankara). 1986. XVI, 392 S., 36 Tab., 47 Abb. und 8 Fotos im Anhang. ISBN 3-923887-05-1. 45.00 DM

Band 64

F r ä n z l e, Otto (Hrsg.): Geoökologische Umweltbewertung. Wissenschaftstheoretische und methodische Beiträge zur Analyse und Planung. 1986. VI, 130 S., 26 Tab., 30 Abb. ISBN 3-923887-06-X. 24,00 DM

Band 65

S t e w i g, Reinhard: Bursa, Nordwestanatolien. Auswirkungen der Industrialisierung auf die Bevölkerungs- und Sozialstruktur einer Industriegroßstadt im Orient. Teil 2. 1986. XVI, 222 S., 71 Tab., 7 Abb. und 20 Fotos. ISBN 3-923887-07-8. 37,00 DM

Band 66

S t e w i g, Reinhard (Hrsg.): Untersuchungen über die Kleinstadt in Schleswig-Holstein. 1987. VI, 370 S., 38 Tab., 11 Diagr. und 84 Karten. ISBN 3-923887-08-6. 48,00 DM

Band 67

A c h e n b a c h, Hermann: Historische Wirtschaftskarte des östlichen Schleswig-Holstein um 1850. 1988. XII, 277 S., 38 Tab., 34 Abb., Textband und Kartenmappe. ISBN 3-923887-09-4. 67,00 DM

Band 68

B ä h r, Jürgen (Hrsg.): Wohnen in lateinamerikanischen Städten - Housing in Latin American cities. 1988, IX, 299 S., 64 Tab., 71 Abb. und 21 Fotos.
ISBN 3-923887-10-8. 44,00 DM

Band 69

B a u d i s s i n -Z i n z e n d o r f, Ute Gräfin von: Freizeitverkehr an der Lübecker Bucht. Eine gruppen- und regionsspezifische Analyse der Nachfrageseite. 1988. XII, 350 S., 50 Tab., 40 Abb. und 4 Abb. im Anhang.
ISBN 3-923887-11-6. 32,00 DM

Band 70

H ä r t l i n g, Andrea: Regionalpolitische Maßnahmen in Schweden. Analyse und Bewertung ihrer Auswirkungen auf die strukturschwachen peripheren Landesteile. 1988. IV, 341 S., 50 Tab., 8 Abb. und 16 Karten. ISBN 3-923887-12-4.
30,60 DM

Band 71

P e z, Peter: Sonderkulturen im Umland von Hamburg. Eine standortanalytische Untersuchung. 1989. XII, 190 S., 27 Tab. und 35 Abb. ISBN 3-923887-13-2.
22,20 DM

Band 72

K r u s e, Elfriede: Die Holzveredelungsindustrie in Finnland. Struktur- und Standortmerkmale von 1850 bis zur Gegenwart. 1989. X, 123 S., 30 Tab., 26 Abb. und 9 Karten. ISBN 3-923887-14-0.
24,60 DM

Band 73

B ä h r, Jürgen, Christoph C o r v e s & Wolfram N o o d t (Hrsg.): Die Bedrohung tropischer Wälder: Ursachen, Auswirkungen, Schutzkonzepte. 1989. IV, 149 S., 9 Tab., 27 Abb. ISBN 3-923887-15-9.
25.90 DM

Band 74

B r u h n, Norbert: Substratgenese - Rumpfflächendynamik. Bodenbildung und Tiefenverwitterung in saprolitisch zersetzten granitischen Gneisen aus Südindien. 1990. IV, 191 S., 35 Tab., 31 Abb. und 28 Fotos. ISBN 3-923887-16-7.
22.70 DM

Band 75

P r i e b s, Axel: Dorfbezogene Politik und Planung in Dänemark unter sich wandelnden gesellschaftlichen Rahmenbedingungen. 1990. IX, 239 S., 5 Tab., 28 Abb.
ISBN 3-923887-17-5. 33.90 DM

Band 76

S t e w i g, Reinhard: Über das Verhältnis der Geographie zur Wirklichkeit und zu den Nachbarwissenschaften. Eine Einführung. 1990. IX, 131 S., 15 Abb.
ISBN 3-923887-18-3. 25.00 DM

Band 77

G a n s, Paul: Die Innenstädte von Buenos Aires und Montevideo. Dynamik der Nutzungsstruktur, Wohnbedingungen und informeller Sektor. 1990. XVIII, 252 S., 64 Tab., 36 Abb. und 30 Karten in separatem Kartenband. ISBN 3-923887-19-1.
88,00 DM

Band 78

B ä h r, Jürgen & Paul G a n s (eds): The Geographical Approach to Fertility. 1991. XII, 452 S., 84 Tab. und 167 Fig. ISBN 3-923887-20-5.
43,80 DM

Band 79

R e i c h e, Ernst-Walter: Entwicklung, Validierung und Anwendung eines Modellsystems zur Beschreibung und flächenhaften Bilanzierung der Wasser- und Stickstoffdynamik in Böden. 1991. XIII, 150 S., 27 Tab. und 57 Abb. ISBN 3-923887-21-3.
19,00 DM

Band 80

A c h e n b a c h, Hermann (Hrsg.): Beiträge zur regionalen Geographie von Schleswig-Holstein. Festschrift Reinhard Stewig. 1991. X, 386 S., 54 Tab. und 73 Abb. ISBN 3-923887-22-1. 37,40 DM

Band 81

S t e w i g, Reinhard (Hrsg.): Endogener Tourismus. 1991. V, 193 S., 53 Tab. und 44 Abb. ISBN 3-923887-23-X. 32,80 DM

Band 82

J ü r g e n s, Ulrich: Gemischtrassige Wohngebiete in südafrikanischen Städten. 1991. XVII, 299 S., 58 Tab. und 28 Abb. ISBN 3-923887-24-8. 27,00 DM

Band 83

E c k e r t, Markus: Industrialisierung und Entindustrialisierung in Schleswig-Holstein. 1992. XVII, 350 S., 31 Tab. und 42 Abb. ISBN 3-923887-25-6. 24,90 DM

Band 84

N e u m e y e r, Michael: Heimat. Zu Geschichte und Begriff eines Phänomens. 1992. V, 150 S. ISBN 3-923887-26-4. 17,60 DM

Band 85

K u h n t, Gerald und Z ö l i t z - M ö l l e r, Reinhard (Hrsg.): Beiträge zur Geoökologie aus Forschung, Praxis und Lehre. Otto Fränzle zum 60. Geburtstag. 1992. VIII, 376 S., 34 Tab. und 88 Abb. ISBN 3-923887-27-2. 37,20 DM

Band 86

R e i m e r s, Thomas: Bewirtschaftungsintensität und Extensivierung in der Landwirtschaft. Eine Untersuchung zum raum-, agrar- und betriebsstrukturellen Umfeld am Beispiel Schleswig-Holsteins. 1993. XII, 232 S., 44 Tab., 46 Abb. und 12 Klappkarten im Anhang. ISBN 3-923887-28-0. 23,80 DM

Band 87

S t e w i g, Reinhard (Hrsg.): Stadtteiluntersuchungen in Kiel. Baugeschichte, Sozialstruktur Lebensqualität, Heimatgefühl. 1993. VIII, 337 S., 159 Tab., 10 Abb., 33 Karten und 77 Graphiken. ISBN 3-923887-29-9. 24,00 DM

Band 88

W i c h m a n n, Peter: Jungquartäre randtropische Verwitterung. Ein bodengeographischer Beitrag zur Landschaftsentwicklung von Südwest-Nepal. 1993. X, 125 S., 18 Tab. und 17 Abb. ISBN 3-923887-30-2. 19,70 DM

Band 89

W e h r h a h n, Rainer: Konflikte zwischen Naturschutz und Entwicklung im Bereich des Atlantischen Regenwaldes im Bundesstaat São Paulo, Brasilien. Untersuchungen zur Wahrnehmung von Umweltproblemen und zur Umsetzung von Schutzkonzepten. 1994. XIV, 293 S., 72 Tab., 41 Abb. und 20 Fotos. ISBN 3-923887-31-0. 34,20 DM

Band 90

S t e w i g, Reinhard: Entstehung und Entwicklung der Industriegesellschaft auf den Britischen Inseln. 1995. XII, 367 S., 20 Tab., 54 Abb. und 5 Graphiken. ISBN 3-923887-32-2. 32,50 DM

Band 91

B o c k, Steffen: Ein Ansatz zur polygonbasierten Klassifikation von Luft- und Satellitenbildern mittels künstlicher neuronaler Netze. 1995. XI, 152 S., 4 Tab. und 48 Abb. ISBN 3-923887-33-7 16,80 DM